Анна Потапкина
Дмитрий Хрусталев

Получение диоксида селена и эфиров селенистой кислоты в условиях МВА

AF138575

Анна Потапкина
Дмитрий Хрусталев

Получение диоксида селена и эфиров селенистой кислоты в условиях МВА

LAP LAMBERT Academic Publishing

Impressum / **Выходные данные**

Bibliografische Information der Deutschen Nationalbibliothek: Die Deutsche Nationalbibliothek verzeichnet diese Publikation in der Deutschen Nationalbibliografie; detaillierte bibliografische Daten sind im Internet über http://dnb.d-nb.de abrufbar.

Alle in diesem Buch genannten Marken und Produktnamen unterliegen warenzeichen-, marken- oder patentrechtlichem Schutz bzw. sind Warenzeichen oder eingetragene Warenzeichen der jeweiligen Inhaber. Die Wiedergabe von Marken, Produktnamen, Gebrauchsnamen, Handelsnamen, Warenbezeichnungen u.s.w. in diesem Werk berechtigt auch ohne besondere Kennzeichnung nicht zu der Annahme, dass solche Namen im Sinne der Warenzeichen- und Markenschutzgesetzgebung als frei zu betrachten wären und daher von jedermann benutzt werden dürften.

Библиографическая информация, изданная Немецкой Национальной Библиотекой. Немецкая Национальная Библиотека включает данную публикацию в Немецкий Книжный Каталог; с подробными библиографическими данными можно ознакомиться в Интернете по адресу http://dnb.d-nb.de.

Любые названия марок и брендов, упомянутые в этой книге, принадлежат торговой марке, бренду или запатентованы и являются брендами соответствующих правообладателей. Использование названий брендов, названий товаров, торговых марок, описаний товаров, общих имён, и т.д. даже без точного упоминания в этой работе не является основанием того, что данные названия можно считать незарегистрированными под каким-либо брендом и не защищены законом о брендах и их можно использовать всем без ограничений.

Coverbild / Изображение на обложке предоставлено: www.ingimage.com

Verlag / Издатель:
LAP LAMBERT Academic Publishing
ist ein Imprint der / является торговой маркой
OmniScriptum GmbH & Co. KG
Heinrich-Böcking-Str. 6-8, 66121 Saarbrücken, Deutschland / Германия
Email / электронная почта: info@lap-publishing.com

Herstellung: siehe letzte Seite /
Напечатано: см. последнюю страницу
ISBN: 978-3-659-33637-9

Zugl. / Утверд.: Караганда, Карагандинский Государственный Технический университет, 2014

Содержание

Нормативные ссылки

В настоящей дипломной работе используются ссылки на следующие нормативные документы:

1. ГОСО РК 5.03.016 – 2012. Правила выполнения дипломной работы (проекта) в высших учебных заведениях от 27.11.2012.

2. Правила экономической оценки ущерба от загрязнения окружающей среды от 27.06.2007.

3. ГОСТ 12.0.003 – 74. Опасные и вредные производственные факторы. Межгосударственный стандарт. – 1974.

4. Санитарно-эпидемиологические требования к лабораториям. Постановление Правительства РК. - №13. – 10.01.2012.

5. Санитарные Правила и Нормы №334 от 8.07.2005

6. СТ РК ГОСТ Р 50571.22-2006. Электроустановки зданий. Часть 7. Требования к специальным электроустановкам. Раздел 707. Заземление оборудования обработки информации. Государственный стандарт РК. – 2006.

7. РК 3.02.036-99. Предельно допустимые концентрации (ПДК) загрязняющих веществ в атмосферном воздухе населенных мест.

8. Трудовой кодекс РК.

9. Закон О промышленной безопасности на опасных производственных объектах.

10. СТП 1273458-0101-92. Нормоконтроль дипломного проекта.

11. ГОСТ 2.104-73. ЕСКД. Текстовые документы.

Обозначения и сокращения

МВ – микроволны
МВА – микроволновая активация
МВИ – микроволновое излучение
МВО – микроволновое облучение
МОН РК – министерство образования и науки Республики Казахстан
СВЧ – сверхвысокочастотное излучение
т.кип. – температура кипения
т.пл. – температура плавления
ТБ – техника безопасности
ТК – Трудовой Кодекс
ТСХ – тонкослойная хроматография
ТЭЦ – теплоэлектроцентраль
ЦКП – центральное композиционное планирование

Введение

Селен и селеноорганические соединения находят свое применение в самых разных областях науки и техники. Высокочистый селен используется в радиоэлектронной промышленности, в виде соединений находят широкое применение в медицине, сельском хозяйстве. Диоксид селена, как окислитель с уникальными химическими свойствами активно используется в фармацевтической промышленности, например для синтеза стероидов. В связи с высокой стоимостью селена весьма актуальным является разработка механизмов его очистки, регенерации и других высокоэффективных и безотходных превращений.

Многие классические способы превращения селена и его соединений протекают в течении длительного времени (4-6 часов). Одним из очень эффективных методов «Зеленой химии» является органический синтез в условиях микроволновой активации, который во многих случаях позволяет значительно сократить время реакции, и в ряде случае отказаться от растворителя.

В книге рассматривается экологически дружественная цепь последовательных превращений грязного селена в высокочистый диоксид селена, далее в эфиры селенистой кислоты и последующую регенерацию высокочистого селена в условиях микроволновой активации. Причем, каждая стадия, также как и перечисленные продукты востребованы промышленностью.

Книга будет интересна для студентов, магистрантов, докторатов, научных работников и всем тем, кому по долгу службы или любопытства интересны новые «Зеленые» технологии

Данная дипломная работа, выполнена в рамках гранта МОН РК «Разработка новых экологически дружественных, экономически рентабельных методов синтеза промышленно востребованных органических соединений в условиях микроволнового облучения» 2013-2014 гг., научный руководитель – д.х.н. Хрусталев Д.П.

1 Селен и его соединения

1.1 Концепция «Зеленая химия», как критерий оценки промышленной технологии на экологическую безопасность

Особое место в развитии цивилизации занимает химия. Именно с химией связана разработка альтернативных источников энергии и новых видов топлива, синтез лекарственных препаратов, создание новых материалов, обеспечение устойчивых сельскохозяйственных урожаев и многое другое. Однако известна и «оборотная сторона» химизации, недаром химию обвиняют в загрязнении окружающей среды, в том числе воздуха, воды и почвы. Загрязнение природы - насущная проблема человечества, а для жителей городов и мегаполисов эти проблемы возрастают многократно. Коптящие заводские трубы, факелы, «лисьи хвосты», выбросы ТЭЦ и автомобилей - это все из нашей реальной жизни. Человечество, через два столетия развития современной химии и через сто лет промышленного ее применения, пришло к той незримой черте, когда очевидны стали две истины:

1) без химии (считайте: без новых материалов, эффективных лекарств, средств защиты растений, список можно продолжать до конца страницы) человек не может обойтись;

2) химическое производство в современном виде дальше существовать не должно [1].

Что-то должно быть сделано, чтобы превратить химию и химическую промышленность в более безопасную отрасль. Об этом задумались P.T.Anastas, J.C.Warner в 1998 и разработали 12 принципов «зеленой» химии [2], взяв за основу девиз, близкий по духу к девизу медиков «не навреди».

Принцип 1. Лучше предотвращать образование выбросов и побочных продуктов, чем заниматься их утилизацией, очисткой или уничтожением.

Первый принцип иллюстрирует многочисленные примеры процессов и производств, особенно органического синтеза, в которых вредные реагенты заменяются в последнее время на менее вредные, более эффективные, дающие меньше побочных продуктов, либо такие побочные продукты, которые легче утилизируются. Например, замена хроматов и перманганатов в качестве окислителя на гипохлорит натрия в окислении спиртовой группы в некоторых стероидах в карбонильную группу является иллюстрацией вышеизложенного принципа, поскольку из гипохлорита в качестве побочного продукта образуется хлорид натрия, не являющийся, в отличие от соединений хрома, вредным веществом.

$$C_2H_5OH + NaOCl \rightarrow CH_3CHO + NaCl + H_2O \qquad (1.1)$$

Принцип 2. Стратегия синтеза должна быть выбрана таким образом, чтобы все материалы, использовавшиеся в процессе синтеза, в максимальной степени вошли в состав продукта.

Здесь следует ввести понятие атомной экономии или атомной эффективности, предложенные в разных модификациях Б. Тростом [3] и Р. Шелдоном [4]. В качестве примеров реакций с высокой атомной эффективностью можно привести реакции метатезиса (диспропорционирования олефинов, Дильса-Альдера, реакции конденсации и кросс-сочетания, алкилирования), поскольку исходные соединения (и вспомогательные вещества) по большей части включаются в состав конечного продукта.

$$(1.2)$$

Принцип 3. По возможности должны применяться такие синтетические методы, которые используют и производят вещества с максимально низкой токсичностью по отношению к человеку и окружающей среде.

Примером этого принципа является технология получения кумола, который как самостоятельный продукт не нужен, но производится в огромных количествах, около 7 млн. т. в год, исключительно затем, чтобы из него получать фенол. Ранее для алкилирования бензола пропиленом использовался хлорид алюминия или твердая фосфорная кислота в качестве катализатора. В обоих случаях требуется последующая утилизация кислотных отходов и очистка сточных вод. Кроме того, поскольку хлорид алюминия фактически представляет собой катализатор одноразового действия, атомная эффективность процесса оставляла желать лучшего. Существенным шагом в повышении атомной эффективности и экологичности процесса стала разработка цеолитного катализатора для этого процесса, который может использоваться многократно и характеризуется исключительно высокой селективностью.

$$(1.3)$$

Принцип 4. Производимые химические продукты должны выбираться таким образом, чтобы сохранить их функциональную эффективность при снижении токсичности.

Этот принцип особенно важен в создании пестицидов и других средств защиты растений узкоцелевого спектра действия. Если будет понят механизм защиты данного вида растений, то возможен целевой синтез продуктов, содержащих только ту функциональную группу или фрагмент структуры, который нужен для эффективного действия препарата, при этом общая токсичность соединения должна быть снижена.

Принцип 5. Использование вспомогательных веществ (растворителей, экстрагентов и др.) по возможности должно быть сведено к минимуму (нулю).

Растворители и экстрагенты ни одним атомом не входят в состав конечного продукта (атомная эффективность равна нулю), но, в то же время, и их использование и переработка требуют больших капиталовложений (экстракционные и дистилляционные колонны, осушка, очистка, рецикл или сжигание). В качестве альтернативы в последнее время предлагаются новые растворители, обладающие определенными преимуществами по сравнению с традиционными растворителями, например, ионные жидкости, фторированные растворители, работающие в двухфазных системах, диоксид углерода (или легкие углеводороды и фреоны) в сверхкритических условиях, а также вода, в которой многие процессы органического синтеза могут быть достаточно эффективно осуществлены. Однако существует большое число работ, в которых процессы органического синтеза проводятся вообще без растворителя. Особую актуальность имеют исследования процессов в условиях микроволновой активации, которая обеспечивает селективный нагрев полярных фрагментов молекул и способствует проведению процессов в мягких условиях и их ускорению.

$$\begin{array}{c} R_1 \\ R_2 \end{array}\!\!>\!\!-OH \xrightarrow{\text{Fe, MW}} \begin{array}{c} R_1 \\ R_2 \end{array}\!\!>\!\!=O \qquad (1.4)$$

Принцип 6. Энергетические расходы должны быть пересмотрены с точки зрения их экономии и воздействия на окружающую среду и минимизированы. По возможности химические процессы должны проводиться при низких температурах и давлениях.

Использование катализаторов, применение СВЧ для нагрева, использование параллельных схем, в которых тепло экзотермической реакции поглощается в параллельно протекающей эндотермической реакции (например, дегидрирование этилбензола в стирол и гидрирование нитробензола выделяющимся в первом процессе водородом), эффективное использование и рекуперация тепла - все эти подходы должны быть реализованы для превращения многих экологически малопривлекательных процессов в «зеленую» химию. Было показано использование всех инноваций дает возможность снизить энерго- напряженность процесса (а цена энергии во многих, особенно крупнотоннажных, производствах сравнительно дешевых продуктов доходит до 20—30%). Напомним, что энергия - это эквивалент, измеряемый в кубометрах и тоннах природного газа или нефтепродуктов, а если посмотреть с другой стороны - эквивалент, измеряемый в тоннах CO_2, выбрасываемого в атмосферу.

Принцип 7. Сырье для получения продукта должно быть возобновляемым, а неисчерпаемым, если это экономически целесообразно и технически возможно.

До конца 21 века исчерпаются основные запасы нефти и природного газа, а спустя еще несколько сотен лет и угля, особое значение имеет стратегия перехода на возобновляемое (растительное, природное) сырье, среди которого наиболее привлекательны растительные масла (особенно пальмовое, которое гораздо дешевле и производится в большем объеме, чем привычное нам подсолнечное), целлюлоза, хитин, биомасса и бытовой мусор, которые в скором времени также могут стать ценным сырьем и будут продаваться, и покупаться как нефть и газ.

Принцип 8. Вспомогательные стадии получения производных (защита функциональных групп, введение блокирующих заместителей, временные модификации физических и химических процессов) должны быть по возможности исключены.

Многие процессы органического синтеза, особенно в фармацевтической, парфюмерной и пищевой промышленности, включают большое число стадий введения защитных и блокирующих групп, которые затем удаляются и не входят в состав конечного продукта (очень низкая атомная эффективность). Разработка мягких и высокоселективных, в том числе регио-, стерео- и энантиоселективных процессов и катализаторов - прямая дорога к устранению необходимости в таких неэффективных стадиях.

Принцип 9. Каталитические системы и процессы (как можно более селективные) во всех случаях лучше, чем стехиометрические.

Основная идея зеленой химии - учиться у природы. Комбинация различных подходов, например, сочетание биокатализа и электрохимии с проведением процессов в водной среде; сочетание СВЧ-активации, катализа и систем без растворителя; межфазный катализ, как вариант сочетания катализа и использования водных сред или ионных жидкостей оказываются весьма эффективными и демонстрируют многочисленные примеры синергизма и других неаддитивных эффектов.

Привлекательны каталитические процессы в суперкритических субстратах. В качестве таких субстратов могут быть использованы углеводороды (олефины, парафины, ароматические углеводороды), для которых критические условия достигаются при сравнительно низких давлениях и температурах (до 40—80 атм. и до 200—300 °C).

Принцип 10. Производимые химические продукты должны выбираться таким образом, чтобы по окончании их функционального использования они не накапливались в окружающей среде, а разрушались до безвредных продуктов.

Принципиально важным является вопрос, не образуются ли новые токсичные и вредные для окружающей среды продукты при использовании различных типов исходных реагентов, будет ли происходить разложение (гидролиз, фоторазложение) побочных газообразных, жидких или твердых отходов, в природе? В этой связи, особенно актуальны биоразлагаемые продукты.

Принцип 11. Вещества и их агрегатное состояние в химических процессах, должны выбираться таким образом, чтобы минимизировать вероятность непредвиденных несчастных случаев, включая утечки, взрывы и пожары.

Этот принцип имеет исключительную важность, так как химия - это многовариантная наука и многие синтезы и технологии допускают использование различных реагентов для получения одного и того же продукта. Особый интерес представляют также процессы, основанные на биокаталитических технологиях, осуществляемые в мягких условиях и с высокой селективностью.

Принцип 12. Нужны аналитические методы контроля в реальном режиме времени с целью предотвращения образования вредных веществ.

Достаточно очевидна необходимость онлайнового мониторинга процессов и всех входящих и исходящих потоков, в том числе выбросов в атмосферу, почву и воду. В последние годы разработано много новых и очень чувствительных экспресс - методов анализа для этих целей.

«Зеленая» химия - это новая философия химии, новый язык, помогающий взглянуть на химическую отрасль не с позиций утилитарных (получение прибыли, производство продуктов, которые имеют спрос), хотя это тоже важно, но и с позиций гуманитарных [5]. В этом смысле, принципы «зеленой» химии все чаще обсуждаются в контексте концепции устойчивого развития.

Концепция устойчивого развития включает в список основных вопросов, которые должно будет решать человечество, следующие:
- рост народонаселения;
- источники энергии и новые топлива;
- пища, включая питьевую воду;
- истощение ресурсов;
- глобальные климатические изменения;
- проблема загрязнения воздуха, воды (мировой океан, моря, озера, реки, подземные источники) и почвы;
- проблема ограничения производства и потребления токсических и вредных продуктов.

Из этого списка видно, что только проблема регулирования народонаселения остается в стороне от химии, хотя уровень жизни и здоровье населения, проблемы детства и старости так или иначе связаны с химией. Как не вспомнить Михайло Васильевича Ломоносова: «Широко распростирает химия руки свои в дела человеческие». Так, поиск новых источников энергии, энергоносителей и топлив уже давно находится в центре внимания химии (переработка природного газа, особенно в жидкие продукты, диметиловый эфир как альтернатива дизельному топливу, фотоэлектрические преобразователи солнечной энергии, наконец, водородная энергетика). Проблемами питания и пищи химики занимаются с незапамятных времен, вспомним гидрогенизацию жиров, синтетические витамины, биологически

10

активные добавки и синтетическую пищу, а проблема создания и потребления генетически модифицированных продуктов до сих пор не сходит с первых страниц газет и новостных программ. Глобальные изменения климата также, по сути, связаны с физико-химическими процессами, и научиться управлять этими процессами - ближайшая цель ученых.

В 2004 г. Министерство энергетики США (U.S. Department of Energy, DOE) выбрало около 10 соединений, которые получают из углеводов биомассы химическими или биологическими методами отвечающими концепции зеленой химии и служащие сырьевой базой для получения широкого спектра продуктов. В этот список вошли янтарная, фумаровая, малеиновая, фуран-2,5-дикарбоновая, 3-гидроксипропионовая, аспарагиновая, глюкаровая, глутаминовая, итаконовая, левулиновая кислоты. Впоследствии перечень этих соединений получил брендовое название DOE «Top 10», хотя число соединений время от времени менялось. Отбор этих базовых продуктов основывался на следующих критериях [6].

1. Соединение или технология хорошо освещены в литературе.

2. Известны примеры широкого использования продукта в химической технологии.

3. Известны примеры прямой замены продуктов нефтехимии на производимые из возобновляемого сырья.

4. Известны пути производства продуктов в крупном масштабе.

5. Выбранные соединения являются платформой для производства широкого спектра продуктов.

6. Расширение масштаба выпуска продукции до размеров пилотной, демонстрационной или промышленной установки не вызывает затруднений.

7. Продукт, производимый из биомассы, востребован рынком.

8. Производимое соединение может быть использовано в качестве базового полупродукта для химического производства.

9. Производство продукции в коммерческих масштабах из возобновляемого углерода хорошо известно.

Первоначально развитие «зеленой химии» фокусировалось исключительно на синтезе топлив. Постепенно, однако, стало ясно, что это не достаточные меры для проблем топливно-энергетического комплекса. Это подтолкнуло, с одной стороны, к поискам новых источников сырья, например таких, как отходящие газы металлургических предприятий. С другой стороны, начался поиск применения методов биохимии для синтеза веществ, получение которых методами традиционной нефтехимии энерго- и ресурсозатратно. Примечательно, что химия природных соединений, служившая до недавних пор основой создания лекарственных препаратов, парфюмерии и других объектов «тонкой химии», ищет и находит применение в новой области — тяжелом органическом синтезе [7].

1.2 Селен, физические и химические свойства

В 1817г. И.Я. Берцелиус и Ю. Ган, подвергая обжигу, медный колчедан с целью получения двуокиси серы для производства серной кислоты, заметили, что на стенках и дне свинцовых камер накапливается шлам красного цвета, при нагревании которого чувствовался неприятных запах гнилой редьки.

Детальное исследование этого шлама дало возможность открыть в нем новый химический элемент, который по своим свойствам оказался похожим на открытый в 1782 г. венгерским химиком Мюллером химический элемент теллур.

Берцеллиус по аналогии с теллуром, который назван от греческого слова «теллус», что означает земля, назвал новый элемент селеном, что в переводе с греческого языка обозначает луна. Так как селен находят всегда вместе с теллуром, селен считают спутником теллура.

Селен сравнительно редкий элемент, в ряду распространенности химических элементов в земной коре он занимает 66 место. Содержание в земной коре составляет – $5 \cdot 10^{-6}$% (что близко к содержанию Ag и Hg ($8 \cdot 10^{-6}$%))

Селен сопутствует сере и встречается в природе вместе с сульфидами с сульфидами халькофильных металлов [8,9], например Cu, Cd, Ni, Pb, As. Иногда эти минералы частично окислены, например $MSeO_3 \cdot 2H_2O$ (M = Ni, Cu, Pb).

Таблица 1.1

Некоторые селенистые минералы

Название минерала	Формула
Селенистый теллур	SeTe
Науманнит	Ag_2Se
Эвкайрит	AgCuSe
Клаусталит	PbSe
Кадмоселит	CdSe
Тиманнит	HgSe
Онофрит	Hg (S, Se)
Ашавалит	FeSe
Ферроселит	$FeSe_2$
Клокманнит	CuSe
Блокнт	$NiSe_2$
Трогталит	$CoSe_2$
Гуанахуатит	$Bi_2(SeS)_3$
Джеромит	$As(SSe)_2$
Платинит	$PbBi_2(SeS)_3$

Селен имеет шесть стабильных изотопов с массами 74, 76, 77, 78, 80, 82 и электронную структуру в виде $4s^2 4p^4$ с расположением электронов по орбитам 6; 8; 18; 2.

Известны, по крайней мере, восемь разных по структуре модификаций селена. Три красные полиморфные модификации (α, β и γ) состоят из циклических молекул Se_8 отличаются только межмолекулярной упаковкой этих циклов в кристаллах. Циклические молекулы другого размера были недавно синтезированы в красных аллотропных формах цикло - Se_6 и цикло-Se_7, а также в гетероциклических аналогах цикло - Se_5S и цикло - Se_5S_2 [10]. Серый «металлический» селен – это гексагональная кристаллическая форма, построенная из спиральных полимерных цепочек, которые также содержатся в несколько деформированном виде в аморфном красном селене. Наконец стекловидный черный селен, обычная торговая форма селена, обладает исключительно сложной и нерегулярной структурой из больших полимерных колец, которые содержат до 1000 атомов в цикле.

Красный кристаллический селен в виде α и β - модификаций получается соответственно при медленном и быстром выпаривании растворов черного стекловидного селена в CS_2 или бензоле; третья (γ) модификация красного кристаллического селена получена по реакции дипиперидинтетраселана с растворителем CS_2 [11].

Все три аллотропные формы состоят из почти одинаковых складчатых циклов Se_8, подобных молекулам в цикло-S_8; средние геометрические параметры таковы: Se-Se 0,2335 нм, угол Se-Se-Se 105,7°, диэдральный угол 101,3° (рисунок 1.1) [12]. Наиболее плотная упаковка молекул в кристаллах α - модификации.

Гексагональный серый селен - термодинамически наиболее устойчивая форма простого вещества. Он образуется при нагревании других модификаций и может быть также получен медленным охлаждением расплавленного селена или конденсацией пара селена при температуре чуть ниже температуры плавления (220,5°). Он является фотопроводником и единственной модификацией, которая проводит электрический ток. Его структура (рисунок 1.1) состоит из неразветвленных спиральных цепей с расстоянием Se-Se 0,2373 нм., угол Se-Se-Se 103,1° и повторяющимся фрагментом из трех атомов. Серый селен нерастворим в CS_2 и имеет плотность 4,82 г·см$^{-3}$, это самая тяжелая модификация данного элемента. Родственная аллотропная форма – красный аморфный селен, образующийся при конденсации пара селена на холодной поверхности или при осаждении из водного раствора селенистой кислоты при обработке диоксидом серы или другим восстановителем, например гидразингидратом. Он малорастворим в CS_2, имеет деформированную цепочечную структуру и не проводит электрический ток. Теплота превращения в устойчивый гексагональный серый селен находится в интервале 5-10 кДж·моль$^{-1}$ атомов селена.

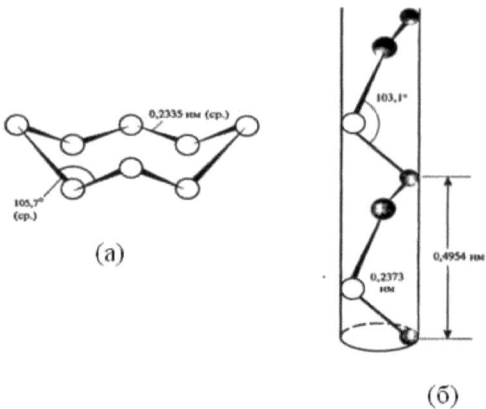

Рисунок 1.1 - Структуры аллотропных модификаций селена: фрагмент Se_8 в α-, β- и γ - красном селене (а); спиральные цепи Se вдоль оси в гексагональном сером селене (б).

Стекловидный черный селен – обычная торговая форма селена, он получается при быстром охлаждении расплавленного селена; это хрупкое, непрозрачное, сине-черное, блестящее твердое вещество, которое немного растворимо в CS_2. Он не плавится, но размягчается примерно при 50^oC и быстро превращаются в гексагональный серый селен при нагревании до 180^oC (в присутствии катализаторов, например галогенов или аминов и т.д., при наиболее низких температурах). Структура черного селена – вопрос дискуссионный; считается, что он состоит из циклических молекул разного размера. Под влиянием термической обработки и под действием катализаторов эти кольца размыкаются и полимеризуются в спиральные цепи. Большой интерес к различным аллотропным формам селена, их стабилизации и взаимным превращениям вызван применением селена в фотоэлементах, выпрямителях и в ксерографии [13].

Плотность жидкого селена зависит от температуры; увеличение объема при плавлении найдено равным 18%.

Температурная зависимость плотности жидкого селена в интервале температур $270\text{-}405^oC$ может быть выражена уравнением: d=4.05-0.001(t-270).

То, явление что плотность жидкого селена, не изменяется при повышении температуры до 260^oC (таблица 1.2), дало возможность высказать предположение [14], что при этой температуре наблюдается аллотропическое превращение.

Таблица 1.2

Плотность селена при различных температурах

Т, $^{\circ}$C	218	247	267	287	305	350	380	406
d, г/см^3	4,060	4,060	4,060	4,020	4,020	3,980	3,92	3,91

Средняя удельная теплоемкость серого селена в интервале температур 15-220°C составляет 0,078 кал/г град, моноклинного красного селена в интервале от 15 до 75°C равна 0,082 кал/г град, стеклообразного до 100°C равна 0,1-0,6 кал/г град. Удельная теплоемкость жидкого селена в интервале температур 270-300° может быть принята равной 0,118 кал/г град.

Исследование теплопроводности селена занимались многие исследователи [14]. Теплопроводность стекловидного селена возрастает с температурой от 0,23 при 2°К до 1мвт·см$^{-1}$·град$^{-1}$ при 80°К.

На теплопроводность селена оказывает влияние примеси [15]. Примеси висмута и кадмия до 0,04% Bi и 0,125% Cd уменьшают теплопроводность селена; увеличение концентрации примесей выше указанных количеств приводит к некоторому росту теплопроводности [16].

У гексагонального селена в интервале температур 20-200°C значение магнитной восприимчивости практически постоянно и равно - 0,32·10^{-6} моль$^{-1}$. Выше 220°, т.е. в жидком состоянии, магнитная восприимчивость селена после резкого падения несколько возрастает по абсолютной величине вплоть до 692°C остается постоянной. Выше этой температуры селен становится парамагнитным, что может быть объяснено появлением парамагнитной ассоциации Se$_2$ магнитная восприимчивость жидкого селена может быть принята равной – 0,307·10^{-6} моль$^{-1}$.

Таблица 1.3

Атомные и физические свойства селена

Атомные и физические свойства и их значение	
Атомный номер	34
Число стабильных изотопов	6
Электронная конфигурация	[Ar]3d^{10}4s^{2}4p^4
Атомная масса	78,96
Атомный радиус, нм	0,140
Ионный радиус, нм (M^{2-})	0,198
(M^{4+})	0,050
(M^{6+})	0,042
Энергия ионизации, кДж·моль$^{-1}$	940,7
Электроотрицательность по Полингу	2,4

Плотность (25°С), г·см$^{-3}$	Гексагональный 4,189 α-моноклинный 4,389 стекловидный 4,285
Т. пл., °С	217
Т. кип., °С	685
ΔH$_{атомизации}$, кДж·моль$^{-1}$	206,7
Удельное электрическое сопротивление (25°С), Ом·см	10^{10}

Селен находится в 6-ой группе периодической системы Д. И. Менделеева между серой и теллуром и по своим химическим свойствам занимает промежуточное положение между серой и теллуром [17]. В своих соединениях он проявляет, главным образом, валентности -2, +4, +6. Наиболее энергично селен взаимодействует с фтором и хлором, образуя соответствующие галогениды.

С кислородом селен образует соединения состава SeO, SeO$_2$, SeO$_3$ и предположительно Se$_2$O$_3$ и Se$_3$O$_4$. Из них наиболее устойчивым окислом является SeO$_2$. С водородом селен вступает в реакцию при нагревании (выше 200°С), образуя селеноводород, H$_2$Se.

При сплавлении со многими металлами селен дает соответствующие селенистые металлы (селениды), которые по внешнему виду, составу и свойствам аналогичны сульфидам.

При накаливании, соединяясь с углем, селен образует, селеноуглерод – CSe$_2$.

При соответствующих условиях селен взаимодействует также с серой, азотом, фосфором и т.д. С водой кристаллический селен не взаимодействует даже при 150°С, тогда как аморфный селен реагирует с ней при нагревании.

Разбавленные кислоты соляная и серная на селен не действуют. В смеси азотной и соляной кислоты селен растворяется с образованием селенистой кислоты.

Кислоты азотная и концентрированная серная, бихромат калия, перманганат, бертолетова соль, хлор, белильная известь, озон окисляют селен:

$$Se + 4HNO_{3конц} \longrightarrow H_2SeO_3 + 4NO_2 + H_2O \qquad (1.5)$$

$$Se + 4HNO_3 + H_2O \rightarrow 3H_2SeO_3 + 4NO \qquad (1.6)$$

$$\overset{H_2O}{\underset{}{\xleftarrow{\hspace{2cm}}}}$$
$$Se + H_2SO_4 \rightleftharpoons SeSO_3 + H_2O \qquad (1.7)$$

$$Se + 2H_2SO_4 \longrightarrow H_2SeO_3 + H_2SO_3 + SO_2 \qquad (1.8)$$

16

$$3Se+2K_2Cr_2O_7+8H_2SO_4 \rightarrow 3H_2SeO_3+2Cr_2(SO_4)_3+2K_2SO_4+5H_2O \quad (1.8)$$

$$5Se+4KMnO_4+6H_2SO_4 \rightarrow 5H_2SeO_3+2K_2SO_4+4MnSO_4+H_2O \quad (1.9)$$

$$5H_2SeO_3+2KMnO_4+3H_2SO_4 \rightarrow 5H_2SeO_4+K_2SO_4+2MnSO_4+3H_2O \quad (1.20)$$

$$3Se+2KClO_3+H_2SO_4 \rightarrow 3SeO_2+K_2SO_4+2HCl \quad (1.21)$$

$$Se+2Cl_2 \rightarrow SeCl_4 \quad (1.22)$$

$$Se+2O_3+H_2O \rightarrow H_2SeO_3+2O_2 \quad (1.23)$$

В щелочи селен растворяется с образованием главным образом соответствующих селенидов и селенитов:

$$3Se+6KOH \rightarrow 2K_2Se+K_2SeO_3+3H_2O \quad (1.24)$$

Водные растворы солей серебра, золота и аналогичных им элементов с селеном реагируют следующим образом:

$$3Se+4AgNO_3+3H_2O \rightarrow AgSe+H_2SeO_3+4HNO_3 \quad (1.25)$$

$$3Se+4AuCl_3+9H_2O \rightarrow 4Au+3H_2SeO_3+12HCl \quad (1.26)$$

Ниже приводятся дополнительные уравнения реакций, в которых селен проявляет не только восстановительные, но и окислительные свойства:

$$3Se+2KBrO_3+3H_2O \rightarrow 3H_2SeO_3+2KBr \quad (1.27)$$

$$2Se+SO_3+2HCl \rightarrow SO_2+Se_2Cl_2+H_2O \quad (1.28)$$

$$2Se+2Na_2CO_3+3O_2 \rightarrow 2Na_2SeO_4+2CO_2 \quad (1.29)$$

$$2Se+S_2Cl_2 \rightarrow Se_2Cl_2+2S \quad (1.30)$$

$$3Se+SeO_2+4HCl \rightarrow 2Se_2Cl_2+2H_2O \quad (1.31)$$

$$Se+2Br_2+2HBr \rightarrow H_2SeBr_6 \quad (1.32)$$

$$2K+Se \rightarrow K_2Se \quad (1.33)$$

В противоположность производным четырехвалентной серы, для которых характерны восстановительные свойства, SeO_2, H_2SeO_3 (и ее соли) проявляют окислительные свойства:

$$4HJ + H_2SeO_3 \rightarrow 2J_2 + Se + 3H2O \tag{1.34}$$

$$2CO(NH_2)_2 + 3H_2SeO_3 \rightarrow 2CO_2 + 3Se + 2N_2 + 7H_2O \tag{1.35}$$

$$4Na_2S_2O_3 + H_2SeO_3 + 4HCl \rightarrow Na_2SeS_4O_6 + 4NaCl + 3H_2O \tag{1.36}$$

Однако сильными окислителями они могут быть сами окислены до шести положительно-валентного состояния:

$$K_2SeO_3 + Cl_2 + H_2O \rightarrow K_2SeO_4 + 2HCl \tag{1.37}$$

$$3H_2SeO_3 + K_2Cr_2O_7 + 4H_2SO_4 \rightarrow 3H_2SeO_4 + 2K_2SO_4 + Cr_2(SO_4)_3 + 4H_2O \tag{1.38}$$

$$2H_2SeO_3 + 3KMnO_4 + 2KOH \rightarrow 3H_2SeO_4 + 2K_2MnO_3 + H_2O \tag{1.39}$$

$$Na_2SeO_3 + KOBr \rightarrow Na_2SeO_4 + KBr \tag{1.40}$$

$$SeO_2 + PbO_2 \rightarrow PbSeO_4 \tag{1.41}$$

$$SeO_2 + H_2O_2 \rightarrow H_2SeO_4 \tag{1.42}$$

Что касается производных шестивалентного селена (H_2SeO_4 и ее соли), то они, хотя и являются также окислителями, но менее активными, и восстанавливаются значительно труднее.

Из восстановителей относительно быстрее других окисляются производными шестивалентного селена ионы галогенов J^-, Br^-, Cl^-, например:

$$2HBr + H_2SeO_4 \rightarrow Br_2 + H_2SeO_3 + H_2O \tag{1.43}$$

Соли селена аналогичны солям серы и теллура.

Селенит бария $BaSeO_3$ растворим в разбавленных кислотах. Селенат бария $BaSeO_4$ не растворяется в разбавленных кислотах, но при кипячении с HCl растворяется вследствие протекания окислительно-восстановительной реакции:

$$4HCl + BaSeO_4 \rightarrow Cl_2 + BaCl_2 + H_2SeO_3 + H_2O \tag{1.44}$$

К числу селеноорганических соединений относятся: селеномеркаптаны RSeH, селениды RSe и R_2Se_2, галогенселеноорганические соединения RSeX, R_2SeX_2, $RSeX_3$, кислородсодержащие соединения $RSeO_2$, RSeOOH и др., селенокетоны RCSe, где R-CH_3, C_2H_5 и т.д., X-галоген.

Диэтилселенид и этилселеномеркаптан получаются по реакциям:

$$K_2Se + 2KOSO_2OC_2H_5 \rightarrow (C_2H_5)_2Se + 2K_2SO_4 \tag{1.45}$$

$$KHSe + KOSO_2OC_2H_5 \longrightarrow C_2H_5SeH + K_2SO_4 \qquad (1.46)$$

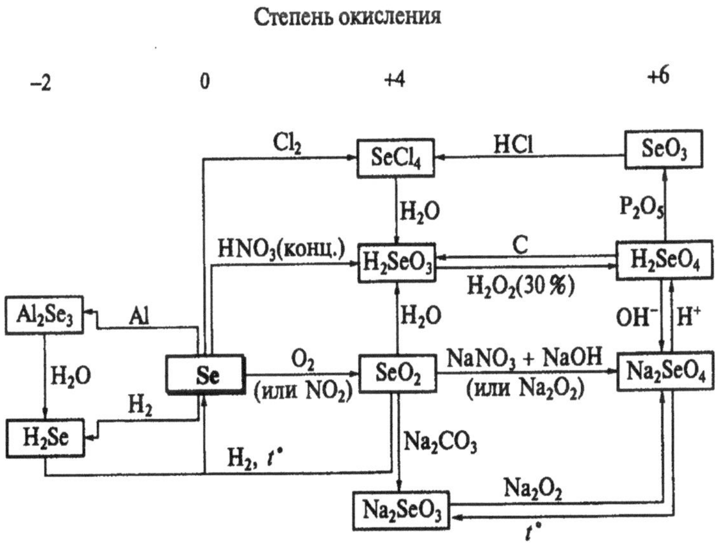

Степень окисления

–2	0	+4	+6

Рисунок 2.2 - Химические свойства селена и его соединений

1.3 Производство и применение селена и его соединений в промышленности, науки, медицине и техники

Содержание селена в земной коре около 500 мг/т. Селен образует 37 минералов, среди которых в первую очередь должны быть отмечены ашавалит FeSe, клаусталит PbSe, тиманнит HgSe, гуанахуатит $Bi_2(Se,S)_3$, хастит $CoSe_2$, платинит $PbBi_2(S,Se)_3$. Изредка встречается самородный селен. Главное промышленное значение на селен имеют сульфидные месторождения. Содержание селена в сульфидах колеблется от 7 до 110 г/т. Концентрация селена в морской воде $4 \cdot 10^{-4}$ мг/л.

В промышленности главным источником получения селена служат анодные шламы медно-электролитных заводов, а также шламы сернокислотного и целлюлозно-бумажного производства [18].

Селен извлекают из анодного шлама попутно с получением из него серебра и золота.

Анодные шламы, выпадающие на дно электролитных ванн при электролитическом способе рафинирования меди, имеют переменный состав, зависящий от состава перерабатываемой анодной меди.

Хотя производство меди продолжает увеличиваться, большая часть нового производства меди осуществляется путем выщелачивания оксидных и

19

сульфидных руд без производства анодов, содержащих селен. Основной источник первичного селена поэтому, кажется, почти ограниченным. Подобная ситуация существует и для никеля, когда металл все больше получают из латеритов, а не сульфидов, и, следовательно, объемы поставки селена, получаемого из шламов, также не растут.

В зависимости от способа получения серной кислоты селен выделяется в свободном виде в отстойниках гловерной башни, в мокрых электрофильтрах и т. д., где накапливается в виде шлама [19].

Шламы сернокислотного производства содержат селен почти полностью в элементарном виде.

Содержание селена в шламах, улавливаемых мокрыми электрофильтрами, достигает 45-55% [20]. В горячих электрофильтрах задерживается незначительное количество селена, более бедные селеновые шламы получаются из отстойников промывных башен.

Подробности технологии извлечения и очистки зависят от относительно концентрации селена и других примесей, но типичная последовательность операций включает окисление при обжиге на воздухе с содой с последующим восстановлением соединений селена Se (IV) до элементарного селена действием SO_2:

$$Ag_2Se + Na_2CO_3 + O_2 \xrightarrow{650^oC} 2Ag + Na_2SeO_3 + CO_2$$

$$Cu_2Se + Na_2CO_3 + 2O_2 \longrightarrow 2CuO + Na_2SeO_3 + CO_2 \qquad (1.48)$$

При отсутствии соды диоксид селена может испаряться напрямую при обжиге:

$$Cu_2Se + 3/2O_2 \longrightarrow 2CuO + SeO_2 \qquad (1.49)$$

$$AgSeO_3 \longrightarrow 2Ag + SeO_2 + 1/2O_2 \qquad (1.50)$$

Важнейшие производители селена – Китай, Япония, США, Канада. Области применения не меняются от страны к стране, в 2012 году конечное потребление селена по областям было распределено следующим образом: металлургия - 35%, производство стекла - 30%, химическая промышленность и пигменты - 10%, электроника - 8%, другие (сельское хозяйство и т.д.) - 17%.

В 2011 году Китай был ведущим потребителем селена, составляя приблизительно от 40% до 50% мирового потребления, так же как и существенным производителем. Китай все еще зависел, однако, от импорта в большинстве областей потребления селена и импортировал 1,560 т продуктов селена в 2011 году, что немного меньше по сравнению с объемами импорта 2010 года.

В Японии производство селена снизилось из-за более низких уровней и падения производства меди после землетрясения в марте 2011 года. Крупнейшими производителями селена в Японии были Kisan Kinzoku Chemicals Co., Ltd., Mitsubishi Materials Corp., Mitsui Metal Mining and Smelting Co., Ltd., Nippon Rare Metals, Inc., Pan Pacific Copper Co., Ltd., Shinko Chemicals Co., Ltd. и Sumitomo Metal Mining Co., Ltd. В Мексике компания Southern Copper Corp. (Финикс, Аризона) владеет заводом драгоценных металлов La Caridad, мощность которого составляет 342 килограмма селена в день. Производство в 2011 году, вероятно, увеличилось вследствие роста производства очищенной меди.

В Перу Southern Copper производит селен на своем рафинировочном заводе WLO в южном Перу. В 2011 году производство селена составляло 56,000 кг, что на 5% меньше по сравнению с 2010 годом.

Селен необычен тем, что он обладает фотоэлектрическими свойствами (преобразовывает свет в электричество), и изменяющейся под действием света проводимостью (его сопротивление падает при увеличении интенсивности освещения). В США наибольший объем применения селена (35%) связан с обесцвечиванием стекла. Более высокие концентрации дают нежно-розовое стекло. Знаменитые селеновые рубиновые стекла, самые блестящие и красные среди известных стеклоделам, получаются при включении в стекло твердых частиц сульфоселенида кадмия; самый глубокий рубиновый цвет получен при содержании около 10% CdS, а увеличение относительной концентрации CdS в добавке меняет оттенок цвета до красного (40% CdS), оранжевого (75%) и желтого (100%). Сульфоселениды кадмия также широко применяются как термостойкие красные пигменты в пластмассах, красках, чернилах и эмалях. Другое очень важное применение элементного селена ксерография, которая развивалась в течение последних сорока лет и стала незаменима для копирования документов [21]. Родственная область применения – в качестве фотопроводника (селеновые фотоэлементы) и в качестве выпрямителей в полупроводниковых устройствах. Небольшие количества ферроселена используют для улучшения качества литья, ковкости и способности к обработке нержавеющих сталей, а дитиокарбамат находит применение в производстве резины из натурального и синтетического каучука. Помимо Se, сплава Fe и Se, Cd(S,Se) и [Se(S$_2$CNEt$_2$)$_4$] производятся следующие соединения селена: SeO$_2$, Na$_2$SeO$_3$, H$_2$SeO$_4$ и SeOCl$_2$.

До недавнего времени селен считался токсичным элементом, и только в 1989 году в США он был внесен в список жизненно необходимых микроэлементов в рационе питания человека, так как он входит в состав 200 гормонов и ферментов организма, регулируя работу всех органов и систем [22]:

- При участии селена образуется 80% энергии у человека.
- Прием растительной формы (селен-метионина), не только замедляет процесс старения, но и отодвигает его, т.к. увеличивается активность стволовых клеток.
- Запускается процесс антиоксидантной защиты

- Повышается двигательная активность; появляется бодрость, прекращаются головные боли, головокружения, улучшается сон, настроение, нормализуется аппетит.

- Участвует в синтезе кофермента Q-10, обеспечивает молодость сердца, сосудов, суставов, позвоночника; улучшает состояние кожи, волос, ногтей. Нормализует активность гормонов щитовидной железы.

- Содержится в наибольшем количестве в тканях печени, печек, мозга, сперме (входит в состав мужского полового гормона тестостерона) и т.д.

- Оказывает лечебный эффект при включении в комплексное лечение, при кардиопатиях различной этиологии, при гепатитах, панкреатитах, заболеваниях кожи, уха, горла, носа и т.д. Общеизвестна его роль в профилактике и лечении злокачественных новообразований.

- Является основным компонентом фермента пероксидазы глютатиона (глутатиона), который защищает организм от вредных веществ, образующихся при распаде токсинов. Селен антагонист ртути и мышьяка, способен защитить организм от кадмия, свинца, таллия.

- Показан при планировании семьи - обоим супругам; женщинам в период беременности и кормления грудью, восстановления после.

Растущее потребление селена включает:

- обогащенные селеном удобрения теперь используются в Финляндии, Новой Зеландии, Китае и США [23], чтобы получить селен в пищевой цепи и как альтернатива добавкам селена непосредственно в корм;

- добавки селена к витаминным препаратам;

- развитие применения селена для лечения многих болезней, включая болезни кожи, пародонтоз, ревматоидный артрит, рак, дегенерацию желтого пятна и катаракты, герпес и т.д.;

- использование селена в новой технологии тонкого экрана в солнечных медно-индиево-селеновых батареях.

1.4 Применение диоксида селена в органическом синтезе

Диоксид селена, будучи неорганическим веществом реагирует с органическими соединениями с образованием полезных продуктов. Установлен механизм окисления диоксидом селена алкенов и аллиловые спирты [24]. Окисление можно рассматривать как процесс, протекающий через гидратированную форму диоксида селена т.е. селенистую кислоту.

Диоксид селена обычно окисляет активированную метиленовую группу в карбонильную, однако если атом углерода, связанный с этой метиленовой группой, также активирован, то основной реакцией может стать дегидрирование.

$$Ph\text{-}CH_2CH_2\text{-}Ph \xrightarrow[\text{кип. 16 ч}]{SeO_2} Ph\text{-}CH{=}CH\text{-}Ph + Ph\text{-}\underset{O}{\overset{O}{C}}\text{-}\underset{O}{\overset{\parallel}{C}}\text{-}Ph \qquad (1.51)$$
$$\text{18\%} \qquad\qquad \text{33\%}$$

Дегидрирование под действием диоксида селена нашло широкое применение в химии стероидов. В случае стероидных кетонов этот метод более удобен, чем последовательность галогенирование – дегидрогалогенирование, для введения в молекулу двойной углерод углеродной связи. Однако при удобстве применения этот метод отличается длительностью проведения процесса – от 3 до 15 часов [25].

Окисление оксидом селена (IV) активированных метильных и метиленовых групп, находящихся рядом с карбонилом и ароматическим ядром. Таким способом могут быть получены алифатические, ароматические и гетероциклические альдегиды:

$$CH_3{-}CHO \xrightarrow{SeO_2} OHC{-}CHO \qquad (1.52)$$

$$CH_3CH_2COCH_3 \xrightarrow{SeO_2} \underset{17\%}{CH_3CH_2COCHO} + \underset{1\%}{CH_3COCOCH_3} \qquad (1.53)$$

(1.54)

(1.55)

Жидкие вещества окисляют без растворителя, для твердых в качестве растворителя используют спирт, этилацетат, ксилол, диоксан. Выходы составляют 50-90%.

Алкильные группы, особенно если они связаны с такими заместителями, которые обладают возможностью кето-енольной таутомерии, удобно превращать в карбонил действием селенистого ангидрида. Считают, что сначала образуется сложный эфир окислителя с енольной формой исходного соединения, который затем распадается. При этом селенистый ангидрид восстанавливается до селена. Реакция начинается быстрее в присутствии небольших количеств воды. Это дает основание предполагать, что окислитель реагирует в форме селенистой кислоты.

(1.56)

23

Райли нашел, что селенистая кислота окисляет группу – CH_2CO – до – $COCO$- (это превращение называют реакцией Райли); при действии селенистой кислоты происходит также аллильное гидроксилирование и дегидрирование [26].

Типичным примером реакции Райли является окисление ацетофенона в смеси диоксана и уксусной кислоты до фенилглиоксаля:

$$(1.57)$$

Вместо ацетофенона для получения фенилглиоксаля можно использовать также фенилуксусный альдегид.

Учеными [27-28] была изучена возможность окисления кетонов на примере ацетофенона, циклогексанона, малонового и ацетоуксусного эфиров диоксидом селена в среде водного диоксана по следующей схеме:

$$(1.56)$$

Исследования было обнаружено, что выходы целевых продуктов не превышают описанных в литературе для конвекционных способов [29]. Однако, необходимо отметить, что интенсивность процесса значительно выше, Применение микроволнового облучения позволило уменьшить время реакции с 4-6 часов до 2-4 минут.

Окисление проводилось в среде наиболее популярных и подходящих для проведении этой реакции растворителей: этанол, трет-бутанол, уксусная кислота, диоксан. Наилучшие результаты были получены с применением диоксана. Электромагнитная восприимчивость диоксана мала, за 2-4 минуты облучения он не успевал нагреться даже до температуры кипения. Относительно низкая температура реакции, менее $100^{\circ}C$ в сочетании со значительным сокращением времени протекания реакции (до 180 раз) свидетельствует о том, что ускорение химической реакции происходит благодаря специфическому нетермическому микроволновому эффекту.

Использование в качестве растворителей более полярных растворителей, таких как этанол, третбутанол, уксусная кислота приводят к снижению выхода. Перечисленные растворители сами способны улавливать микроволновое излучение, что снижает количество излучения, расходуемого на активацию реакции. В итоге, реакционная смесь быстро закипает, а выход желаемого продукта резко падает. Это объясняется тем, что ускоряющая способность термических эффектов всегда меньше действия нетермического специфического микроволнового эффекта.

При окислении предельных соединений (циклогексанона) выход, и в классических условиях, и в условиях СВЧ-облучения составляет 19-25 %. Такой низкий выход объясняется следующим циклом превращений:

$$\text{(1)}$$

$$-H_2O \rightleftharpoons +H_2O \qquad + Se + H_2O \qquad \text{(2)}$$

$$Se + \overset{\Delta}{\longrightarrow} + H_2Se \qquad \text{(3)}$$

$$2\,H_2Se + SeO_2 = 3\,Se + 2\,H_2O \qquad \text{(4)}$$

Так как реакция протекает в условиях внешнего нагрева, то селен, образующийся в ходе реакции (1-2) может дегидрировать предельный кетон (например, циклогексанон, как это показано в уравнении (3)) с образованием селеноводорода, который, в свою очередь, вступает в окислительно-восстановительную реакцию с диоксидом селена (4), что приводит к уменьшению диокида селена и образованию амфотерного селена. Это означает снижение выхода желаемого продукта и усиление процессов дегидрирования [30].

Как следует из вышесказанного, основным фактором, влияющим на низкий выход предельных дикетонов, является конкурирующая реакция дегидрирования. Так как реакция окисления ускоряется микроволновым облучением, а реакция дегидрирования - термически, то можно предположить, что проведение этой реакции в режиме контроля температуры, например 20°C, позволило бы увеличить выход соответствующего дикетона и остановить процессы дегидрирования. Однако исследования этого предположения еще ведутся.

Как уже было сказано раньше, наиболее успешным оказался синтез фенилглиоксаля. Реакция проводилась в среде диоксана с добавлением небольших количеств воды. Процесс протекает в мягких условиях при мощности микроволнового облучения 350 Вт. Время реакции составляет 4-5 минут. Количество и соотношение реагентов было взято без изменений [29], что делает сравнение выходов и времени реакции корректным.

Так как фенилглиоксаль легко полимеризуется, была разработана методика получения моногидрата фенилглиоксаля без выделения продукта. Для этого в реакционную колбу после завершения микроволнового облучения, добавляли небольшое количество воды, затем снова подвергали микроволновому облучению в течении 3-5 минут. Горячим фильтрованием отделяли металлический селен. После охлаждения раствора в осадок выпадал фенилглиоксальгидрат в виде белых кристаллов. Синтезированный по описанному методу и перекристаллизованный фенилглиоксальгидрат был использован в дальнейших синтезах 2-фенилпиразина, 2-фенилхиноксалина.

$$(1.57)$$

Таким образом, диоксид селена является одним из ключевых окислителей в органическом синтезе. Образовывающийся селен в ходе реакций легко может быть регенерирован в диоксид селена с помощью азотной кислоты, и опять запущен в реакции окисления органических веществ.

1.5 Качественные реакции на диоксид селена (селенистую кислоту)

Большинство методов обнаружения селена основано на восстановлении этих элементов до элементарного состояния. Реакции обнаружения селена приведены в таблице 1.4.

Таблица 1.4
Реакции обнаружения селена

Реактив	Реакцион-носпособна форма	Результат реакции	Мешающие элементы
Тиомочевина	Se (IV)	Розовое окрашивание или красный осадок	Te, NO_2^-, Cu Hg, Bi, Au, Pt, Pd
Гидроксиламин солянокислый	Se (IV)	Розовое окрашивание или красный осадок	Многие элементы; Te не мешает
Иодиды	Se (IV)	Красно-коричневый осадок	As(III), Ge(iv), Mo(Vi); Te не мешает
Роданисто-водородная кислота	Se (IV)	Красно-коричневый осадок	As, Sb, Sn, Fe(II), MoO_4^{2-}
Пиррол	Se (IV)	Пирроловая синь	Окислители: Se(VI), Te(IV), Te(VI)

Асимметричный дифенилгидразин	Se (IV)	Красное окрашивание	Окислители; Te не мешает
Метиленовый голубой и сульфид натрия	Se^0	Обесцвечивание метиленового голубого	Окислители
Молибдат аммония	Se (IV)	Молибденово-селенистая синь	PO_4^{3-}, SO_4^{2-}
3,3'-Диаминобензидин	Se (IV)	Желтое окрашивание или красная флуоресценция	Окислители: Fe(III), Cu(II)
2,3-Диаминонафталин	Se (IV)	Желтое окрашивание или красная флуоресценция	Окислители

Обнаружение селенистой кислоты при помощи тиомочевины. Лучшими восстановителями для солей селенистой кислоты является тиомочевина и солянокислый гидроксиламин. При действии на селениты тиомочевинной в зависимости от содержания селена выделяется красный осадок элементного селена или раствор окрашивается в розовый цвет [31]. Мешают нитриты и большие количества меди; Te, Hg и Bi дают желтые осадки. Чувствительность реакции можно увеличить в 5 раз при флотации элементного селена эфиром [32]. Осадок элементного селена флуоресцирует красно-голубым светом [33].

Выполнение реакции. На фильтровальную бумагу помещают немного порошка тиомочевины, которую смачивают каплей исследуемого раствора; при этом выделяется оранжево-красный осадок селена.

Обнаружение селена с гидроксиламином в присутствии других катионов. Для обнаружения селена в присутствии теллура применяется солянокислый гидроксиламин [34]. При открытии селена в сложных объектах (рудах, минералах) необходимо предварительное отделение мешающих катионов. Для этого используется обработки испытуемого раствора гидроксидом натрия, при которой большинство мешающих катионов выпадает в осадок, в то время как селен (и теллур) остаются в растворе. В присутствии избытка щелочей адсорбции селена и теллура не наблюдается.

К 3-5 мл испытуемого раствора добавляют в избытке 4 N раствор NaOH. Жидкость энергично взбалтывают, а затем осторожно кипятят. Полученный осадок отфильтровывают. К фильтрату добавляют конц. HCl до сернокислой реакции и немного сухого солянокислого гидроксиламина. Жидкость кипятят в течение 2-3 мин. Если селена очень мало, выжидают несколько минут. Красный осадок или красная муть указывают на присутствие селена.

Выполнение реакции (в присутствии благородных металлов). К испытуемому раствору добавляют избыток 4N раствора NaOH и несколько крупинок солянокислого гидроксиламина. После энергичного встряхивания раствор осторожно кипятят. Осадок отфильтровывают, к фильтрату добавляют конц. HCl и дальше поступают так же, как в присутствие благородных металлов.

Обнаружение селенистой кислоты при помощи йодидов. Селенистая кислота восстанавливается иодидами в кислом растворе; в результате образуются элементный селен и йод:

Окраска от йода исчезает при добавлении тиосульфата, а селен остается в виде красно-коричневого осадка.

Выполнение реакции. Каплю концентрированной иодистоводородной кислоты (или конц. KI + конц. HCl) помещают на фильтровальную бумажку. В центр пятна добавляют каплю исследуемого раствора. Появляется красно-коричневое окрашивание. Если селен отсутствует, пятно обесцвечивается каплей 5%-ного раствора тиосульфата натрия. Если селен есть, то красно-коричневое пятно остается.

Обнаружение селенистой кислоты с пирролом. Селенистая кислота окисляет пиррол до «пирроловой сини» [35]. Эта реакция может служить для обнаружения селенистой кислоты, поскольку селеновая, теллуристая и теллуровая кислоты не реагируют с пирролом. Мешают выполнению реакции окислители: VO_3^-, MoO_4^-, CrO_4^{2-}, NO_3^-, BrO_3^-, JO_3^-, JO_4^-, $[PO_4 12MoO_3]^{3-}$, Au^{3+}, Hg^{2+}, Sb(V).

Если реакция между селенистой кислотой и пирролом выполняется в концентрированном фосфорнокислом растворе, то чувствительность ее повышается в 25 раз при добавлении солей железа (III).

Выполнение реакции. Каплю 5%-ного раствора $FeCl_3$ и 7 капель сиропообразной фосфорной кислоты добавляют к капле исследуемого раствора. Хорошо перемешивают. Затем добавляют каплю пиррола (1%-ный раствор в этаноле, не содержащем альдегидов) и снова перемешивают.

Зелено-голубое окрашивание указывает на присутствие селенистой кислоты. Чувствительность определения 0,5 мкг/Se, предельное разбавление 1:100000.

Обнаружение селенистой кислоты с асимметричным дифенилгидразином. Селенистая кислота легко восстанавливается до элементного селена рядом органических соединений. Она окисляет асимметричным дифенилгидразином до окрашенного в фиолетовый цвет хинонанилдифенилгидразина.

Кислородные соединения теллура не реагируют с асимметричным дифенилгидразином. Эта реакция, таким образом, может служить чувствительной и специфической реакцией на селен, поскольку элементный селен, селениды и селенаты могут быть легко в соответствующих условиях переведены в селениты [36].

Мешают реакции окислители. Вольфрамы, молибдаты, соли Fe^{3+} и Cu^{2+} не мешают в присутствии оксалатов.

Выполнение реакции. Четыре капли асимметричного дифенилгидразина в ледяной уксусной кислоте смешивают с каплей 2N HCl и каплей исследуемого раствора. В присутствии селенистой кислоты появляется красное окрашивание, которое постепенно переходит в коричнево-красно-фиолетовое. Если селена мало, то окрашивание появляется только через несколько минут. Чувствительность определения 0,05 мкг SeO_2, предельное разбавление 1:1000000.

28

Теллуристая кислота обычно дает слабую реакцию, обусловленную содержанием примеси селена. По этой реакции можно определить 0,001% Se в TeO$_2$. После сильного прокаливания TeO$_2$ не дает этой реакции, по-видимому, из-за того, что следы SeO$_2$ при прокаливании улетучиваются.

Выполнение реакции при анализе минералов, серы и теллура [37].

Обнаружение селенистой кислоты метиленовым голубым. Специфическая реакция на селен была проведена Файглем и Вестом в 1947г. Она основана на каталитическом действии селена на восстановление метиленового голубого сульфидами щелочных металлов до бесцветного лейкосоединения. Другие сильные восстановители – гипофосфит натрия, фосфит натрия – не мешают реакции.

Селен может быть по этой реакции легко определен в сере при соотношениях Se:S=1:48000, то что соответствует 0,002% Se в сере. Предел определения Se 0,08 мкг при разбавлении 1:1000000.

Выполнение реакции. Каплю воды и каплю исследуемого щелочного раствора помещают на предметное стекло. Добавляют по капле 0,2 М раствора сульфида натрия. Затем добавляют по одной капле раствора метиленового голубого к «холостому» раствору и к исследуемому и наблюдают за изменением их окраски. Если содержит селен, то окраска в этом растворе исчезает раньше.

Для обнаружения селенитов и селенатов применяют фенилантраниловую кислоту [38], а также м-(меркаптоацетамидо)фенол. Описано также применение гидразина для открытия гидразина для открытия селена в органических веществах. Селениты и селенаты в растворах минеральных кислот могут быть определены восстановлением до элементного селена раствором FeSO$_4$ (предел определния 10 мкг Se) или аскорбиновой кислоты (предел определения 1 мкг Se) [39].

Качественное открытие селената в присутствии селенита основано на разнице окислительно-восстановительных потенциалов селенита и селената в сильнокислом бромидном растворе.

С соответствующим редоксиндикатором – n-этоксихризоидином – оказалось возможным определение селената в присутствии элементного брома, а также сульфата и стократного избытка селенита. Предел обнаружения 0,2 мкг Se(VI) в 0,3 мл раствора.

Обнаружение селенитов из бумажных хроматограммах по образованию комплексной молибденово-селенистой кислоты

Описан метод обнаружения селенитов на бумажных хроматограммах, основанный на образовании комплексной молибденово-селенистой кислоты, восстанавливающейся при облучении ультрафиолетовым светом до соответствующей сини. Чувствительность метода 3-4 мкг Na$_2$SeO$_3$ в 1 мл раствора [40].

Пробу наносят на полоску бумаги Ватман №3 и в качестве подвижной фазы используют кислый (75 мл изопропана, 25 мл воды, 5 г CH$_3$COOH, 0,3 мл 25%-ного NH$_4$OH) или щелочной растворитель (30 мл 2-метилпропанола-1, 30 мл безводного этанола, 39 мл воды, 1 мл 25%-ного NH$_4$OH).

Бумажную хроматограмму высушивают и опрыскивают смесью, состоящей из 1 г молибдата аммония, 85 мл воды, 10 мл 1 N HCl и 5 мл 60% пой HClO$_4$. После высушивания хроматограммы в струе горячего воздуха ее облучают несколько минут светом кварцевой лампы (при этом вся хроматограмма окрашивается в голубой цвет) и оставляют до следующего дня. Затем выдерживают над концентрированным раствором NH_4OH, пары которого обесцвечивают хроматограмму за исключение пятен, содержащих SeO_3^{2-}, PO_4^{3-} и SO_4^{2-}.

При использовании кислого растворителя значения R_f указанных анионов различаются между собой, в то время как в случае применения щелочного растворителя значения R_f для SeO_3^{2-} TeO_3^{2-} совпадают.

Обнаружение селена с 3,3'-диаминобензидином. Из всех известных методов обнаружения селена наиболее чувствительные и селективные методы основаны на образовании пиазоселенолов с 3,3'-диаминобензидином и другими ортодиаминами: 1,8-нафталиндиамином, 4-метиламино-1,2-фенилендиамином и 4-метилтио-1,2-фенилендиамином, с 2,3-диаминонафталином [41].

При больших содержаниях в слабокислых растворах селениты образуют коричнево-красные осадки пиазоселенолов. При меньших содержаниях селена наблюдается желтое окрашивание. Чувствительность реакции повышается с применением экстракции окрашенного комплекса селена органическими растворителями – толуолом, бензолом и др. При облучении ультрафиолетовым светом пиазоселенолы флуоресцируют красно-оранжевым светом.

Открываемый минимум для реакции селена с 4-диметиламино-1,2-фенилендиамином составляет 0,05 мкг Se при предельном разбавлении 1:4000000. Реакция селена с 2,3-диаминонафталином еще более чувствительна [42]. Теллур не мешает определению селена. Мешают окислители и большие количества железа и меди.

Выполнение реакции. К 1 мл нейтрального или слабокислого анализируемого раствора прибавляют каплю 1 N HCl и каплю 1%-ного раствора 3,3'-диаминобензидина. Через 5-6 мин. Прибавляют 0,1 г CH_3COONa и 2-3 капли толуола. После встряхивания толуол в присутствии селена окрашивается в желтый цвет.

Для устранения мешающего влияния других элементов предложено отделять селен дистилляцией в виде $SeBr_4$. К 0,1-0,2 мл анализируемого раствора прибавляют 0,01-0,2 г KBr, каплю бромной воды и 1 мл конц.H_2SO_4. Стакан накрывают часовым стеклом, на котором висит капля 5%-ного раствора $NH_2OH·HCl$ (для восстановления брома). Содержимое стакана нагревают до появления белого дыма H_2SO_4 и смывают висящую каплю в пробирку. После этого открывают селен, как описано выше. Чувствительность реакции 0,05 мкг Se [43].

1.6 Количественные методы определения производных четырех валентного селена

Широкое применение селена в различных областях современной техники способствовало быстрому развитию новых методов количественного определения.

В результате исследования широкого класса ароматических ортодиаминов были предложены новые флуориметрические, фотометрические и гравиметрические методы определения селена, которые намного превосходят по чувствительности, селективности и точности все до сих пор известные методы определения этого элемента. Такие реагенты, как 3,3'-диаминобензидин, 2,3-диаминонафталин, о-фенилендиамин, в настоящее время нашли широкое применение при анализе различных селенсодержащих объектов.

Дальнейшее повышение чувствительности количественных методов определения селена связано с развитием новых физических и физико-химических методов определения селена – атомно-адсорбционного, рентгеноспектрального и нейтронно-активационного.

Несмотря на то, что для селена имеется немного сведений о возможности их количественного определения кинетическими методами, эти методы, несомненно, является очень перспективными. Развитие этих методов для селена должно идти параллельно разработке новых, более селективных методов концентрирования.

Широкое применение получили гравиметрические методы, основанные на выделении осадка элементного селена неорганическими и органическими восстановителями. Однако несмотря на большую распространенность этих методов, все они недостаточно избирательны: в присутствии посторонних элементов (Cu, Hg, Sn, Sb, Bi, Au, Pt, Pd) возможны значительные ошибки в результате загрязнения осадков. Органические восстановители имеют некоторое преимущества перед неорганическими, так как их применение позволяет получать более чистые осадки.

Среди других весовых методов в настоящее время наиболее надежными, являются, кроме выделения селена в элементном состоянии, весовой метод определения селена, основанный на образовании пиазоселенола.

Для осаждения селена в элементном состоянии применяются такие неорганические восстановители, как сернистый газ, гидразин, гидроксиламин, гипофосфит натрия, хлористое олово и др.

При использовании сернистого газа образуются наиболее чистые осадки. Из концентрированных солянокислых растворов (8,8 N) селен из селенитов и селенатов осаждается без примеси теллура [44]. В 3,7-4,8 N соляной кислоте сернистый газ осаждается как селен, так и теллур.

Выполнение определение селена. Смесь окислов, в которой содержится не более 0,25 г селена, растворяют в 100 мл холодной конц. HCl. При непрерывном перемешивании, следя за тем, чтобы температура не поднималась выше 30°C, в раствор вводят 50 мл конц HCl, насыщенной сернистым газом при комнатной температуре, и оставляют стоять раствор до полного выделения красного селена.

Осадок отфильтровывают через взвешенный тигель Гуча, промывают холодной конц. HCl, затем водой до исчезновения реакции на хлор, затем этанолом и эфиром. Сушат красный селен 3-4 часа при 30-40°C для удаления эфира, а затем – 2 часа при 120°C. Взвешивают в виде элементного селена.

Восстановление селенистой кислоты сернистой представляет собой сложный процесс, идущий через нестойкие промежуточные соединения, различные при различных соотношениях реагирующих веществ [45].

Чтобы уменьшить вероятность образования монохлорида, осаждение селена необходимо проводить на холоду в присутствии большого избытка восстановителя.

Для раздельного определения четырех- и шестивалентного селена рекомендуется проводить осаждение при 100°С в закрытом сосуде; в 0,5-1N HCl селен осаждается из селенитов, а 4N HCl - из селенатов [46].

Скорость и полнота реакции восстановления селена сернистой кислотой растет с увеличением концентрации соляной кислоты. Ионы Cl⁻ и Br⁻ ускоряют восстановление, что объясняется образованием промежуточных галогенидных соединений селена, которые восстанавливаются с большей скоростью, чем селенистая кислота [47].

Для уменьшения потерь селена рекомендуется проводить осаждение элементного селена в сернокислом растворе (5,5 М по H_2SO_4) при 80-90° С. В этих условиях количественно осаждается селен из селенитов. Аморфный осадок красного селена при кипячении растворов переходит в черную модификацию, которая склонна прочно удерживать воду, трудноудаляемую в процессе просушивания осадка при 100° С. Поэтому при осаждении селена из холодного солянокислого раствора осадок красной модификации селена промывают соляной кислотой, водой, затем этанолом и эфиром и сушат 3-4 часа при 30-40° С, а затем - 2 часа при 120° С [48]. Чтобы избежать окисления селена, осадок элементного селена рекомендуется сушить в атмосфере CO_2, промывку осадка этанолом или эфиром можно в этом случае опустить. Есть указания на то, что лучше всего сушить осадок элементного селена в вакууме при комнатной температуре [49].

Восстановление солями Fe^{2+}, Sn^{2+}, Cr^{2+}, Cu^+, V^{2+} и др

Быстро и количественно селен восстанавливают до элементного состояния хлоридом двухвалентного олова [50]. Возможно проведение реакции в присутствии значительных количеств азотной кислоты. Однако при осаждении селена с помощью хлорида двухвалентного олова, наблюдается соосаждение сопутствующих металлов и олова, поэтому эта реакция используется чаще для выделения суммы элементных селена и и реже — для окончательного весового определения.

Для гравиметрического определения селена в виде металлов применяются растворы солей двухвалентного хрома [51]. Быстрому выделению и лучшей коагуляции осадков способствует добавление NaCl.

Растворы солей двухвалентного железа в присутствии этилендиаминтетрауксусной кислоты, фосфорной кислоты (связывающих железо (III) в прочные комплексы) количественно восстанавливают Se(IV) до элемента, что может быть использовано для весового определения. Предложен гравиметрический метод определения селена в виде элементного путем восстановления селенатов, селенитов и селеноорганических соединений раствором Cu_2Cl_2 в среде 3 - 4 N HCl. Определению селена не мешают F, Cl⁻, SO_4^{2-}, CO_3^{2-}, PO_4^{3-}, $BO_3^{3-,}$ MoO_4^{2-}, VO_3^-, CH_3COO^-, $C_2O_4^{2-}$, Cu^{2+}, Zn, Cd, Pb, Mn^{2+}, Co, Ni, Al, As (III), Bi, Sb (III), Cr^{3+}, Th, Pt (IV), Sn (IV), Ti (IV), UO_2^{2+} и Cr (VI).

Выполнение определения селена с Cu_2Cl_2. К 10 - 30 *мл* анализируемого раствора добавляют конц. HCl до концентрации 3-4 N и 0,1 N раствора Cu_2Cl_2 в 2N HCl до окончания выделения красного осадка элементного селена. После отстаивания (15-30 мин.) осадок фильтруют через стеклянный фильтр № 4, промывают 2 - 3 раза конц. HCl, затем - водой до исчезновения реакции на Cl⁻, далее - этанолом и диэтиловым эфиром, высушивают при 105°C и взвешивают.

Для одновременного определения селена и теллура 20-30 *мл* раствора подкисляют до кислотности 7N по HCl и проводят осаждение и определение селена, как описано выше. Фильтрат упаривают, разбавляют водой до 2N HCl, и элементный теллур осаждают раствором Cu_2Cl_2, после чего заканчивают анализ, как описано при определении селена.

Для восстановления и весового определения селена можно также применять соли двухвалентного ванадия [53].

Арстамян и Тараян [54] изучили восстановление селенистой кислоты гипофосфитом натрия. Было установлено, что количественное восстановление селенистой кислоты до элементного селена происходит в 5-7N HCl при температуре 50-60°C в течение 30 мин., а при кипячении раствора - в течение 15 - 20 мин. Дробное восстановление селенистой кислоты в присутствии теллуристой кислоты проходит в 6 - 7 N HCl при нагревании до 50-60° C.

Для выделения селена в элементном состоянии используются также органические восстановители. Тиомочевина в кислом растворе восстанавливает селен до элементного состояния [55].

При большом избытке тиомочевины в сильносолянокислом растворе селен восстанавливается не полностью. Тараян предполагает, что в этом случае возможно образование комплексных соединений низших валентностей селена (двухвалентного селена).

Гравиметрическому определению селена этим методом мешает серебро.

Аскорбиновая кислота в кислой среде применяется для выделения и весового определения селена в присутствии теллура [56].

Наилучшее выделение осадка селена проходит при pH 1 в случае нагревания до 80 - 90°C. Теллур в количестве менее 1 мг/мл не мешает определению.

Глюкоза восстанавливает селениты в слабощелочных или нейтральных средах до элементного состояния. Осадок промывают этанолом и сушат при 80-90°C.

Молочный сахар восстанавливает селениты, селенаты до элементного состояния в слабощелочной среде (при pH 10 - 11) при кипячении раствора.

Тиосемикарбазид восстанавливает селениты в солянокислом растворе до элементного селена. Элементный селен отфильтровывают, промывают водой, этанолом и эфиром и сушат в вакуум - эксикаторе 25 – 30 мин..

Тетраэтилтиурамдисульфид $(C_2H_5)_2$-N-C(S)-S-S-C(S)-N-$(C_2H_5)_2$ восстанавливает Se (IV) и Se (VI) до элементного состояния. На основе этой реакции возможно гравиметрическое определение селена [57].

Диэтилдитиокарбамат натрия количественно восстанавливает четырехвалентный селен до элементного в 2,5 – 4 N HC1 или H_2SO_4 при кипячении раствора в течение 15 мин. В условиях восстановления селена теллур образует комплексное соединение $Te(DDTC)_4$, которое при кипячении сильнокислого раствора довольно быстро разрушается и выделяется элемэнгный Te.

Меркаптобензимидазол восстанавливает селенит-ион до элементного селена при нагревании солянокислого раствора. Гравиметрическому определению селена мешают Ag, Pb, Hg, Au, Cu, Bi, Te [58].

Титриметрические методы

Для определений миллиграммовых содержаний селена при анализе концентратов, шламов, пыли, сплавов, сталей, полупроводниковых соединений и других материалов часто применяют титриметрические методы. Большой вклад в развитие титриметрических методов определения селена внесли работы Мурашовой, Князевой и Сырокомского.

Большинство титриметрических методов основано на окислительно-восстановительных реакциях. В качестве восстановителей при титровании селена применяют тиосульфат натрия, иодид, соли двухвалентного железа, двухвалентного хрома или трехвалентного титана. Однако наиболее распространенными являются тиосульфатный и иодометрический методы титрования. В качестве окислителей для Se (IV) и Te (IV) используют перманганат калия и бихромат калия. Разработаны методы количественного восстановления селенитов до элементного состояния различными восстановителями с последующим титрованием элементных селена и теллура растворами окислителей.

Известны также титриметрические методы, основанные на образовании труднорастворимых соединений селена.

Окислительно-восстановительные реакции для селена разбиваются на следующие группы:

1. Восстановление четырехвалентного селена до элементного состояния.
2. Окисление элементного Se до Se (IV).
3. Окисление четырехвалентного селена до шестивалентного.
4. Восстановление шестивалентного Se до четырехвалентного.

Сущность тиосульфатного метода определения селена заключается в восстановлении селенистой кислоты избытком титрованного раствора тиосульфата натрия в слабосолянокислой среде.

Возможно также титрование в среде бромистоводородной и серной кислот, но не в присутствии азотной и фосфорной кислот. Избыток $Na_2S_2O_3$ оттитровывают раствором йода [59].

Для уменьшения разложения избытка тиосульфата в кислой среде рекомендуется вести титрование при 0°C и избегать большого избытка тиосульфата. Тиосульфатный метод определения селена используется для установки титров стандартных растворов, для определения селена в селенитах и селенатах, а также в более сложных объектах - селеномышьяковых шламах и продуктах их переработки, в рудах и породах.

При определении 2-100 мг селена тиосульфатным методом ошибка составляет - 0,4%.

Если после определения селена тиосульфатным методом требуется дальше определять теллур йодометрическим титрованием, то применяют не обычный раствор йода в йодистом калии, а уксуснокислый раствор, содержащий эквивалентное количество соли ртути (II). Последняя связывает образующиеся при титровании иодид-ионы в комплексный ион HgJ_4^{2-}.

Метод применим к любым природным и технологическим объектам: рудам, концентратам, пылям, возгонам, шлакам, огаркам [60]. Мешают определению большие количества меди и золота. В этом случае проводят предварительное выделение Se.

Относительная ошибка определения ± 2 - 10%.

Йодометрическое определение селена и теллура возможно в нескольких вариантах.

Se (IV) и Se (VI) восстанавливают KJ или йодистоводородной кислотой до элементного состояния, освободившийся йод титруют тиосульфатом.

При изучении влияния различных факторов (объема титруемого раствора, кислотности среды, количества добавляемого KJ, присутствия Br^- или Fe^{3+}) на йодометрическое титрование селенитов было установлено, что этот метод является более сложным по сравнению с прямым тиосульфатным методом [61]

При восстановлении миллиграммовых количеств Se (IV) йодидом выделившийся красный осадок селена затрудняет титрование в присутствии крахмала. Установление конечной точки для этого случая проводят амперометрическим или потенциометрическим титрованием. Также возможно выделять осадок элементного селена в слой органического растворителя (CCl_4) или на разделе фаз. На измерении скорости реакции селенита с йодидом в кислой среде основано хронометрическое определение микроколичеств селена (3 - 13 мкг) с ошибкой < 1,3%. Этот метод применим для определения произведения растворимости некоторых селенитов (Co, Zn, Cd, Ca, Sr, Mn, Pb).

Йодометрический метод определения селенитов и теллуритов был использован при анализе минерального сырья, концентратов, шлаков, сплавов, полупроводниковых материалов, органических соединений и сталей [62].

Титрование раствором KMnO4. Реакция окисления селенитов избытком $KMnO_4$ протекает очень медленно. При нагревании растворов на водяной бане реакция значительно ускоряется, однако одновременно происходит термическое разложение $KMnO_4$, что приводит к ошибкам. В присутствии Na_2HPO_4, который препятствует осаждению MnO_2, селен может быть количественно окислен избытком $KMnO_4$; избыток окислителя оттитровывают сульфатом Fe^{2+} или арсенитом натрия [63].

Титрование селенитов KMnO4. Раствор, содержащий 25 мл 40%-ной H_2SO_4, разбавляют водой до 150 мл, прибавляют 12 г Na_2HPO_4 и добавляют избыток

0.1N KMnO$_4$. Через 30 мин. раствор титруют солью Мора или прибавляют избыток раствора соли двухвалентного железа и проводят обратное титрование перманганатом калия. При этом 1 мл 0,1N KMnO$_4$ соответствует 3,96 мг Se.

Ошибка определения селена составляет до 0,25 абс.% (в 99%-ном чистом селене).

Четырехвалентный селен может быть также точно определен окислением избытком KMnO$_4$ в присутствии NaF в сернокислом растворе [64].

На основе реакций окисления перманганатом калия четырехвалентных селена и теллура до шести валентных были разработаны титриметрические методы определения селена и теллура в селенитах и сульфоселенитах свинца, селенитах и селенидах, сплавах, рудах.

Йодометрическое определение малых количеств селена основано на способности элементного селена легко растворяться в водном растворе цианида калия с образованием KSeCN Селеноцианид затем разрушают в сильно солянокислом растворе, и селен титруют раствором йодата или другими окислителями.

Если в образце присутствует сера, то образовавшийся SCN$^-$ титруется аналогично SeCN$^-$ [65]. Йодатометрический метод, основанный на образовании селеноцианида, дает для 12,0—0,04 мг Se более точные результаты, чем при применении тиосульфатного и перманганатометрического титрования.

Известен вариант титриметрического определения SeO$_3^{2-}$ и SeO$_4^{2-}$, когда после восстановления селена до элементного состояния аскорбиновой кислотой и переведения селена и серы в комплексы SeCN$^-$ и SCN$^-$, избыток CN$^-$ связывают в Ni(CN)$_4^{2-}$, а избыток Ni^{2+} оттитровывают комплексоном III [66].

Классическими методами определения малых количеств селена являются методы, основанные на колориметрировании золей этого элементов. Методы определения по образованию золей отличаются друг от друга главным образом применяемыми восстановителями.

Определение селена хлоридом двухвалентного олова

Восстановление селена до элементного состояния хлоридом двухвалентного олова проводится в буферной уксуснокислой среде по способу Волкова или в солянокислой среде по способу Земмеля. При проведении реакций в солянокислом растворе чувствительность фотометрического определения селена и теллура можно повысить добавками катионов - меди, висмута, сурьмы и др. [67]. На основании этих наблюдении Блюм и Глазкова, рекомендуют проводить определение селена и теллура по окраске коллоидных растворов, полученных с присадкой сульфата двухвалентной меди. Для повышения чувствительности определения селена некоторые авторы рекомендуют применять добавку трехвалентной сурьмы [68].

В 2–3 N солянокислом растворе получаемые золи сравнительно устойчивы в отношении агломерации и могут использоваться без добавления защитного коллоида. При добавлении гуммиарабика или желатины оптическая плотность растворов несколько снижается, но растворы становятся более устойчивыми в течение нескольких часов.

Измерение оптической плотности коллоидных растворов селена проводят на фотоколориметрах или на спектрофотометрах (для селена - при 390 нм).

Выполнение определения селена . Анализируемый раствор, содержащий 0,05-0,3 мг Se, помещают в мерную колбу емкостью 50 мл. Добавляют 20 мл HCl (1:1), 3 капли HNO$_3$ (уд. вес 1,14), воду до объема 35 мл, и растворы перемешивают.

Прибавляют 1,0 мл 0,1% - ного раствора сульфата сурьмы (III), 4 *мл* 0,5%-ного раствора желатины и 6 капель 25%-ного раствора хлористого олова в 20%-ной (по объему) соляной кислоте. Растворы доводят до метки и перемешивают

Через 40 мин. оптическую плотность растворов измеряют на фотоколориметре ФЭК-М с синим светофильтром в кюветах с толщиной слоя 2 см по отношению к нулевому раствору.

Выполнение определения селена в солянокислом растворе [69]. Анализируемый раствор объемом 25 мл в 3 N HCl должен содержать 0,2-2 мг Se (IV). В присутствии в анализируемом растворе азотной кислоты концентрация соляной кислоты должна быть соответственно снижена.

Добавляют *2* мл 10%-ного раствора хлорида двухвалентного олова при перемешивании. После развития окраски добавляют 3 мл 4%-ного раствора гуммиарабика. Разбавляют до 50 мл и измеряют оптическую плотность со светло-синим светофильтром в кюветах с толщиной слоя 1 см.

Аналогично получают нулевой раствор и устанавливают по нему прибор на 100%-ное пропускание. Калибровочную кривую получают, исходя из стандартных растворов селена.

При высоких содержаниях золота (свыше 10 г/т*)* его отделяют гидрохиноном.

Определение селена гидразином

Золи селена, полученные при восстановлении гидразином, поглощают свет в очень широком диапазоне длин волн. Максимум поглощения лежит при 250-260 нм.

Оптические характеристики таких золей селена мало зависят от концентрации восстановителя. Только при очень высокой концентрации гидразина или высокой концентрации щелочи получаются частицы золя иной формы, золь обладает сероватой окраской и имеет сравнительно небольшой максимум поглощения примерно при 360 нм. В связи с тем, что гидразин заметно поглощает при длинах волн менее 260 нм, желательно работать при низких его концентрациях и измерять оптическую плотность при 260 нм.

Восстановление четырехвалентного селена гидразином зависит от концентрации ионов водорода в растворе. Реакция протекает очень медленно при pH 11, а при pH 9 - за одну минуту. Максимальная однородность частиц наблюдается при pH 8 - 11.

В кислой среде золи селена быстро коагулируют, поэтому необходимо применять защитный коллоид. В слабощелочной среде золи сравнительно устойчивы даже в отсутствие защитного коллоида.

Количественное определение селена при восстановлении гидразином проводится при pH 8 - 9. Оптимальная концентрация гидразина 0,9 - 1,5 М; оптическую плотность измеряют при 260 нм. В муравьинокислом растворе в качестве защитного коллоида используют поливиниловый спирт; оптическую плотность измеряют при 315 нм [70].

Фотометрические и спектрофотометрические методы определения селена, основанные на образовании коллоидных растворов, до недавнего времени очень широко использовались при определении селена в сталях, рудах, колчеданах и пиритах, сплавах, пылях.

После охлаждения разбавляют раствор водой до 100 мл (200 мл), прибавляют 10 мл (20 мл) HCl (уд. вес 1,19), нагревают и кипятят в течение 2 - 3 мин. Дав осадку отстояться, раствор фильтруют через плотный фильтр в стакан емкостью 400 мл (800 мл) и промывают осадок несколько раз горячей водой.

Если исследуемый материал содержит золото свыше 10 г/т и при кипячении с азотной кислотой разлагается полностью, не оставляя темного остатка, то нерастворимый остаток отделяют еще из азотнокислого раствора. С этой целью после кипячения с азотной кислотой раствор упаривают до сокращения объема вдвое, прибавляют равный объем воды и нагревают до растворения азотнокислых солей. Раствор фильтруют через плотный фильтр, и остаток промывают несколько раз горячей водой.

Фильтрат упаривают на водяной бане до небольшого объема, прибавляют серную кислоту в соответствии с величиной навески и производят денитрацию раствора, как указано выше.

Сернокислый раствор разбавляют водой до 100 мл, прибавляют 10 мл HCl и кипятят в течение 2-3 мин. Если при этом остается нерастворимый остаток, то его отфильтровывают и промывают 2-3 раза разбавленной соляной кислотой, собирая фильтрат в стакан емкостью 400 мл.

2 Разработка экологически дружественного способа получения диоксида селена и эфиров селенистой кислоты

2.1 Разработка экологически дружественного способа получения высокочистого селена и эфиров селенистой кислоты под действием микроволнового облучения

Авторами патента [71] был описан способ получения селена высокой чистоты, подвергая эфир селенистой кислоты реакции восстановления. Для электроники из селена изготовляют пластины электрические выпрямителей, ксерографические пластинки, фотоэлементы, солнечные батареи и телевизионные камеры. Во всех случаях требуется селен со степенью чистоты 99,99—99,999%.

Авторы патента ставили перед собой следующие задачи:

- процесс должен включать минимальное количество стадий;
- протекать при температуре не выше 600-700°C;
- большинство химических реагентов должны быть переработаны и использованы повторно;
- способ получения селена не наносящий вред окружающей среде.

Для достижения поставленных задач была разработана методика получения эфира селенистой кислоты из алифатических спиртов, содержащих от 1 до примерно 30 атомов углерода, предпочтительно от 1 до 6 атомов углерода.

$$H_2SeO_3 + ROH \longrightarrow \underset{RO \quad OR}{\overset{\overset{\displaystyle O}{\|}}{Se}} + H_2O \qquad (2.1)$$

Вода, образующая в результате реакции взаимодействия спирта и селенистой кислоты может удалялась азеотропной отгонкой. Азеотропная отгонка осуществляется путем кипячения вещества с различными азеотропными смесями, в которые входили алифатические и ароматические углеводороды. Хотя процесс азеотропной отгонки является не обязательным, но необходим для получения более высокого выхода продукта.

Полное удаление воды и, следовательно, полное окончание реакции осуществляется в течении 4-6 часов.

Избыток алифатического спирта и углеводороды выбранные для азеотропной отгонки, удаляют с помощью перегонки под вакуумом примерно 5 мм. рт. ст. и при температуре от 70 до 80°C в зависимости от выбранного алифатического. Более высокие температуры приводят к разложению продуктов.

Чистый диалкилселенит используется для получения чистого селена реакцией восстановления. В качестве дополнительной стадии получения чистого селена авторы предлагают растворение эфира в растворителе, таком как целлозольв, этанол, вода, в отношении 1:1, для того чтобы понизить температуру реакции восстановления.

На температуру реакции восстановления влияет восстановитель и растворитель. Примерами восстанавливающих агентов могут быть, хорошо известные в этой области: гидразин, диоксид серы, гидроксиламин, гидрохинон, тиомочевина, глиоксаль, аскорбиновая кислота, фосфаты, фосфиты. Предпочтительными восстанавливающими агентами является гидразин и диоксид серы.

Количество восстановителя зависит от ряда факторов, таких как химический состав, способ восстановления, температура реакции, соотношение реагентов. Гидразин обычно добавляют в эквимолярном количестве до завершения реакции восстановления, а диоксид серы пропускается через диалкилселенит в течение периода времени достаточного для осаждения селена, от 1 до 5 часов.

После реакции восстановления образуется селен в виде черного осадка, если используется гидразин и в виде красного осадка, если используется диоксид серы. Отделить получившийся селен можно с помощью ряда известных способов, например, такого как фильтрация. Впоследствии отделенный селен промывают подходящим растворителем, таким как вода, этанол, целлозольв, а затем позволяют селену высохнуть на воздухе.

Вторым способом получения селена высокой чистоты является термическое разложение эфира, но при этом способе происходит загрязнение окружающей среды парами диоксида селена, бензола и использованного спирта, требуется установка дополнительной системы уловителей паров. Однако процесс разложения эфира может быть использован при изготовлении селеновых выпрямителей. В настоящее время селеновые выпрямители получают следующим образом. Сухой селеновый выпрямитель состоит из основы, подвергнутой пескоструйной обработке или протравленной железной или алюминиевой пластиной, покрытой никелем или тонким слоем висмута и слоем селена толщиной 0,50-0,75 мм. Слой селена наносят путем испарения в вакуумной камере или вначале покрывают основу порошком селена, который затем спрессовывают в течение нескольких минут под гидравлическим прессом с нагретыми плитами. Полученный «сэндвич» подвергают термообработке в течение 30 мин при температуре несколько выше 210°C. Затем создают искусственный барьер, чтобы увеличить сопротивление прибора при прохождении тока в обратном направлении. Наконец, устанавливают уравновешивающий электрод из сплава Вуда или другого металла и включают селеновый выпрямитель в электрическую схему для доведения и улучшения запирающего сопротивления.

Выход селена полученным описанным способом составляет 95% с чистотой 99,999%.

Нами был изучен выше изложенный способ и усовершенствован как в условиях конвекционного нагрева, так и в условиях микроволновой активации.

В условиях конвекционного нагрева при проведении первых опытов было замечено окрашивание раствора в процессе реакции от зеленого до желтого цвета. Причина была в образовании мелкого дисперсного селена окрашивающего реакционную смесь, это приводило к снижению выхода диалкилселенита. В патенте упомянуто, что ими не был получен прозрачный эфир. В процессе исследования было замечено, при увеличение количества бензола, не происходит окрашивание смеси и образуется прозрачная жидкость. Количество бензола зависит от температуры кипения выбранного спирта, в случае пропилового и бутилового спирта увеличение количества бензола в 2 раза достаточно, а в случае амилового спирта этого количества оказывается не достаточным, появляется слабое желтое окрашивание. То есть, бензол нужен для понижения температуры реакции. Однако бензол играет еще одну очень важную роль, предохраняет эфир от разложения до диоксида селена – это свойство было замечено при оставлении эфира на воздухе, образуются белые кристаллы, совпадающие с температурой плавления диоксида селена.

Можно использовать более низко кипящие реактивы, кроме бензола, которые будут играть роль, как для азеотропной отгонки, так и для понижения температуры реакции. Но нами они не были изучены.

При образовании прозрачного раствора процесс перегонки под вакуумом может быть опущен, отделение мелкого дисперсного селена не требуется. Следующей стадией является получение чистого селена с помощью восстановителя или термического разложения.

В качестве растворителя был выбран глицерин, так как стадия перегонки была опущена, температура кипения глицерина была снижена благодаря бензолу и остаткам алифатического спирта.

В кислой среде коагуляция селена происходит лучше, чем в щелочной среде. Поэтому был выбран в качестве восстановителя именно сульфат гидразина. Восстановление происходит по следующей реакции:

$$\underset{RO}{\overset{O}{\underset{\|}{\overset{\|}{Se}}}}_{OR} + N_2H_4H_2SO_4 \longrightarrow Se + 2ROH + H_2O + N_2 + H_2SO_4 \quad (2.2)$$

После окончания реакции восстановления черный селен был отделен фильтрованием. А смесь, состоящую из бензола, алифатического спирта и глицерина была разделена перегонкой под вакуумом. Вещества были опять пущены в процесс получения чистого селена.

Таким образом, одни и те же реагенты могут использоваться в реакции повторно, что делает этот процесс экономически и экологически выгодным.

Для уменьшения времени процесса получения эфира и восстановления его до чистого селена, способ конвекционного нагрева был заменен на микроволновую активацию реакции.

Экспериментальные исследования проводились в модифицированной бытовой микроволновой печи на основе LG-2022G. Конструкция микроволновой печи позволяла осуществить подключение ловушки Дина-Старка и обратного холодильника.

Время получения эфиров селенистой кислоты под действием микроволновой активации было уменьшено с 4-6 часов до 6-8 минут.

Глицерин, выбранный как растворитель, хорошо поглощает микроволновое излучение, и процесс восстановления гидразином занимает 10 минут, вместо 2 часов.

Эфиры полученные под действием микроволнового облучения были подвергнуты реакции разложения. Чистота образовавшегося селена была проверенна на электронном микроскопе в лаборатории инженерного профиля при КарГТУ.

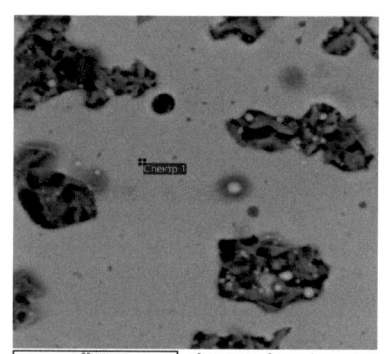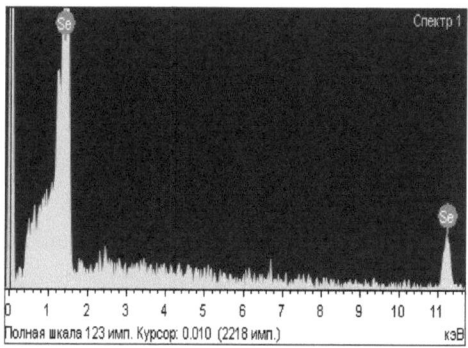

Рисунок 2.1 - Спектры рентгено-флуоресцентного анализа селена

На рисунке 2.1 изображены спектры рентгено-флуоресцентного анализа селена снятые на электронном микроскопе, чистота селена достигает 96-98%. Этот результат мы считаем более чем удовлетворительным, так как большую чистоту продукта можно добиться, если применить соответствующую лабораторное оборудование и высокочистые реактивы.

С помощью ЯМР-^{13}C и ЯМР-^{1}H была подтверждена структура полученного дибутилового эфира

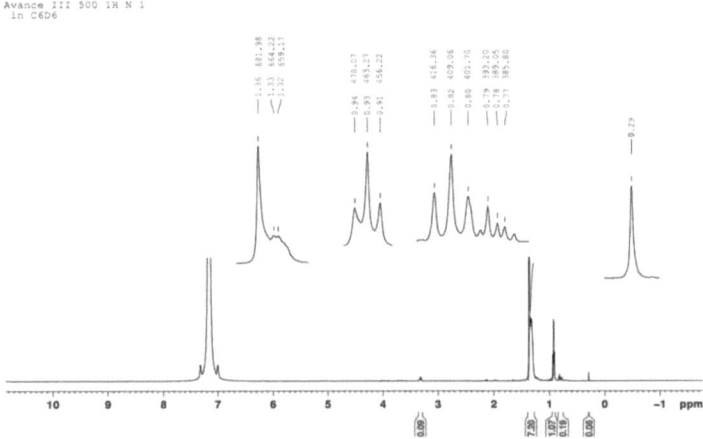

Рисунок 2.2 - ЯМР-^{1}H спектр дибутилселенита

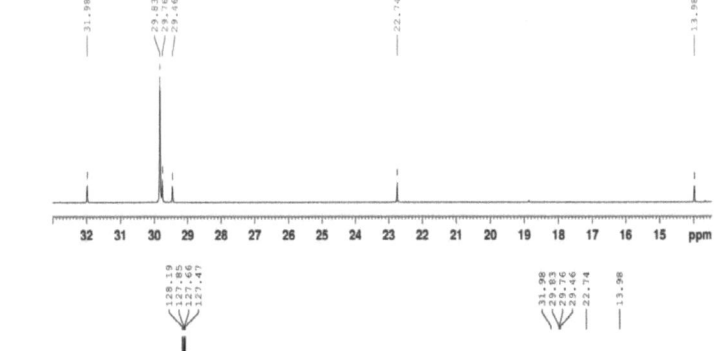

Рисунок 2.3 - ЯМР-^{13}C спектр дибутилселенита

43

Дибутиловый эфир селенистой кислоты характеризуется набором легко идентифицируемых полос в ЯМР – ^{1}H спектре (записан в C_6H_6). Протоны метильной группы записываются в области 0,94 м.д. в виде классического триплета. Метиленовые группы при C_2 и C_3 атомах углерода записываются в области 1,36 и 1,32 м.д. Протоны $O\text{-}CH_2$ группы записываются в области 3,3 м.д. Наличие дублета триплетов в области 0,83-0,77 м.д. свидетельствуют о медленно протекающих процессах изомеризации н-бутильного радикала в изо- и третбутильный под действием селенистой кислоты.

^{13}C-ЯМР спектры также имеет классический вид. Метиленовый атом углерода ($O\text{-}\underline{CH_2}$) записывается в области 31,98 м.д., фрагмент ($O\text{-}CH_2\text{-}\underline{CH_2}\text{-}$) записывается в области 29,83 м.д. Метиленовый атом ($\underline{CH_2}\text{-}CH_3$) группы записывается в области 27,74 м.д. Метильная группа записывается в характерной для этого фрагмента области - 13,98 м.д.

Были проведены качественные реакции на (IV) Se при помощи тиомочевины и солянокислого гидроксиламина.

Выполнение реакции с тиомочевиной. На фильтровальную бумагу помещают немного порошка тиомочевины, которую смачивают каплей исследуемого раствора; при этом выделяется оранжево-красный осадок селена.

Выполнение качественной реакции при помощи солянокислого гидроксиламина. К 3-5 мл испытуемого раствора добавляют в избытке 4 N раствор NaOH. Жидкость энергично взбалтывают, а затем осторожно кипятят. Полученный осадок отфильтровывают. К фильтрату добавляют конц. HCl до сернокислой реакции и немного сухого солянокислого гидроксиламина. Жидкость кипятят в течение 2-3 мин. Если селена очень мало, выжидают несколько минут. Красный осадок или красная муть указывают на присутствие селена.

2.2 Определение оптимальных условий получения эфиров селенистой кислоты в условиях микроволновой активации и разработка лабораторного регламента их получения.

Для определения оптимальных условий и разработке лабораторного регламента получения эфиров селенистой кислоты был выбран эфир основанный на бутиловом спирте – дибутилселенит.

Процесс получения дибутилселенита описанного авторами патента [71] сопровождается протеканием следующей реакции:

$$H_2SeO_3 + C_4H_9OH \longrightarrow C_4H_9 \!-\! O \!-\! \overset{\displaystyle O}{\underset{\displaystyle \|}{Se}} \!-\! O \!-\! C_4H_9 \; + \; H_2O \tag{2.3}$$

Эксперимент проводился в следующей последовательности. В круглодонную колбу емкостью 250 мл помещаем 2 г селенистой кислоты 10 мл абсолютного бутилового спирта и 20 мл бензола. Смесь помещаем в модифицированную микроволновую печь, позволяющую использовать ловушку Дина-Старка и обратный холодильник, на 6 минут при мощности 360 Вт. Окончание реакции определяли по воде, выделившейся путем азеотропной отгонки в ловушку Дина-Старка. После отгоняем бензол, и остатки спирта из образовавшейся смеси при пониженном давлении.

Оценочные эксперименты показали, что образование эфира происходит в течение 6…8 мин, при мощности микроволнового излучателя в пределах 260…360 Вт. При этом выход эфира составляет около 86%.

Для получения математической модели и определения оптимальных параметров процесса получения дибутилселенита, экспериментальные исследования и обработка результатов проводились с использованием методов математического планирования. Был выбран метод центрального композиционного планирования [72]. Характеристики плана эксперимента представлены в таблице 2.1, а матрица планирования – в таблице 2.2. При этом факторами эксперимента были выбраны:

- X_1 - время воздействия микроволнового облучения;
- X_2 – мощность микроволнового излучения.

Функцией отклика Y является выход дибутилселенита, то есть отношение объема полученного дибутилселенита к теоретически возможному, в соответствии с уравнениями (2.1).

Таблица 2.1 –
Характеристика плана эксперимента

Уровень	X_1 – время		X_2 – мощность	
	Код	Значение, мин	Код	Значение, Вт
Верхний уровень	+1	6	+1	600
Основной уровень	0	4	0	400
Нижний уровень	-1	2	-1	200
Интервал варьирования	Δ	2		200

Таблица 2.2
Матрица планирования эксперимента

№ опыта	X_1		X_2		Выход дибутил-селенита, %
	код	Величина, мин	код	Величина, Вт	
1	-1	2	-1	200	$Y_{эксп1}$
2	+1	6	-1	200	$Y_{эксп2}$
3	-1	2	+1	600	$Y_{эксп3}$

45

4	+1	6	+1	600	$Y_{эксп4}$
5	+1	6	0	400	$Y_{эксп5}$
6	-1	2	0	400	$Y_{эксп6}$
7	0	4	+1	600	$Y_{эксп7}$
8	0	4	-1	200	$Y_{эксп8}$
9	0	4	0	400	$Y_{эксп9}$

В результате математической обработки экспериментальных данных получаем уравнение регрессии вида

$$Y = b_0 + b_1 X_1 + b_2 X_2 + b_{12} X_1 X_2 + b_{11} X_1^2 + b_{22} X_2^2 \qquad (2.4)$$

Коэффициенты регрессии при ортогональном ЦКП рассчитываются по формулам

$$b_0^* = \frac{1}{N} \sum_{j=1}^{N} y_j, \qquad (2.5)$$

$$b_i = \frac{\sum\limits_{j=1}^{N} X_{ji} Y_j}{\sum\limits_{j=1}^{N} (X_{ji})^2} \quad (\text{где } i \neq 0), \qquad (2.6)$$

$$b_{ik} = \frac{\sum\limits_{j=1}^{N} X_{ji} X_{jk} Y_j}{\sum\limits_{j=1}^{N} (X_{ji} X_{jk})^2} \quad (\text{где } i \neq k), \qquad (2.7)$$

$$b_{ii} = \frac{\sum\limits_{j=1}^{N} X^*_{ji} Y_j}{\sum\limits_{i=1}^{N} (X^*_{ji})^2}. \qquad (2.8)$$

$$b_0 = b_0^* - \frac{b_{11}}{N} \sum_{j=1}^{N} X^2_{j1} - \ldots - \frac{b_{nn}}{N} \sum_{j=1}^{N} X^2_{jn} \qquad (2.9)$$

Для перехода уравнения регрессии в кодированном виде (2.4) к уравнению с конкретными величинами использовались выражения.

$$X_i = \frac{x - X_0}{\Delta} \qquad (2.10)$$

где X_i – кодированное значение фактора i-того фактора, x- реальное значение данного фактора, X_i – реальное значение фактора на основном уровне, Δ – интервал варьирования фактора.

В нашем случае

$$X_1 = \frac{t-4}{2} = 0{,}5\cdot t - 2 \qquad (2.11)$$

$$X_2 = \frac{P-400}{200} = 0{,}005\cdot P - 2 \qquad (2.12)$$

где t – время воздействия микроволнового излучения, мин; Р – мощность микроволнового излучения, Вт.

Экспериментальные исследования процесса получения дибутилселенита в условиях микроволновой активации проводились в соответствии с матрицей планирования, представленной в таблице 2.2. Каждый опыт проводился 3 раза, при расчетах коэффициентов уравнения регрессии использовались средние значения в каждом опыте. Так как экспериментальные исследования проводились с использованием методов математического планирования, то первой операцией при обработке экспериментальных данных являлось получение уравнения регрессии. Для этого использовались экспериментальные данные, представленные в таблице 2.3. Математическая обработка экспериментальных данных с целью получения уравнения регрессии проводилась на основании данных таблицы 2.4 и выражений (2.5-2.9).

Таблица 2.3

Таблица экспериментальных данных

№ опы-та	X_1		X_2		Выход дибутилселенита, %			Выход дибутил-селенита (средн.), %
	код	мин	Код	Вт				
1	-1	2	-1	200	7	8	6	7,00
2	+1	6	-1	200	73	73	71	72,33
3	-1	2	+1	600	80	81	79	80,00
4	+1	6	+1	600	97	97	97	97,00
5	+1	6	0	400	91	89	92	90,67
6	-1	2	0	400	45	40	42	42,33
7	0	4	+1	600	94	93	95	94,00
8	0	4	-1	200	52	54	49	51,67
9	0	4	0	400	74	76	78	76,00

В результате обработки экспериментальных данных получаем следующие уравнения регрессии

$$b_0^* = \frac{7 + 72.33 + 80 + 97 + 90.67 + 42.33 + 94 + 51.67 + 76}{9} = 67.89$$

$$b_1 = \frac{-7 + 72.33 - 80 + 97 + 90.67 - 42.33}{6} = 21.78$$

$$b_2 = \frac{-7 - 72.33 + 80 + 97 + 94 - 51.67}{6} = 23.33$$

$$b_{12} = \frac{7 - 72.33 - 80 + 97}{4} = -12.08$$

$$b_{11} = \frac{0.33(7 + 72.33 + 80 + 97 + 90.67 + 42.33) - 0.67(94 + 51.67 + 76)}{2} = -10.02$$

$$b_{22} = \frac{0.33(7 + 72.33 + 80 + 97 + 94 + 51.67) - 0.67(90.67 + 42.33 + 76)}{2} = -3.68$$

$$b_0 = 67.89 + \frac{10.02 \cdot 6}{9} + \frac{3.68 \cdot 6}{9} = 77.02$$

Таким образом, полученное уравнение регрессии имеет следующий вид

$$Y = 77.02 + 21.78 \cdot X_1 + 23.33 \cdot X_2 - 12.08 \cdot X_1 X_2 - 10.02 \cdot X_1^2 - 3.68 \cdot X_2^2 \quad (2.13)$$

Таблица 2.4

Экспериментальные данные для расчета уравнения регрессии

номер опыта	X_1	X_2	$X_1 X_2$	X_1^*	X_2^*	Выход дибутил-селенита, %
1	-1	-1	+1	+0,33	+0,33	7.00
2	+1	-1	-1	+0,33	+0,33	72.33
3	-1	+1	-1	+0,33	+0,33	80.00
4	+1	+1	+1	+0,33	+0,33	97.00
5	+1	0	0	+0,33	-0,67	90.67
6	-1	0	0	+0,33	-0,67	42.33
7	0	+1	0	-0,67	+0,33	94.00
8	0	-1	0	-0,67	+0,33	51.67
9	0	0	0	-0,67	-0,67	76.00

Для проверки адекватности полученного уравнения регрессии, описывающего исследуемый процесс получения дибутилселенита в условиях микроволновой активации, необходимо, прежде всего, оценить погрешность экспериментов. Для этого необходимо сравнить экспериментальные значения выхода дибутилселенита с расчетными значениями, полученными при подстановке кодированных значений факторов в уравнение регрессии (2.13). При подстановке кодированных значений факторов эксперимента (в соответствии с таблицей 2.4), были получены следующие расчетные значения выхода дибутилселенита:

$$Y_{\text{рассч1}} = 77,02 + 21,78 \cdot X_1 + 23,33 \cdot X_2 - 12,08 \cdot X_1 X_2 - 10,02 \cdot X_1^2 - 3,68 \cdot X_2^2 =$$
$$= 77,02 + 21,78 \cdot (-1) + 23,33 \cdot (-1) - 12,08 \cdot (-1)(-1) - 10,02 \cdot (-1)^2 - 3,68 \cdot (-1)^2 = 6,73$$

$$Y_{\text{рассч2}} = 77,02 + 21,78 \cdot X_1 + 23,33 \cdot X_2 - 12,08 \cdot X_1 X_2 - 10,02 \cdot X_1^2 - 3,68 \cdot X_2^2 =$$
$$= 77,02 + 21,78 \cdot (+1) + 23,33 \cdot (-1) - 12,08 \cdot (+1)(-1) - 10,02 \cdot (+1)^2 - 3,68 \cdot (-1)^2 = 76,85\%$$

$$Y_{\text{рассч3}} = 77,02 + 21,78 \cdot X_1 + 23,33 \cdot X_2 - 12,08 \cdot X_1 X_2 - 10,02 \cdot X_1^2 - 3,68 \cdot X_2^2 =$$
$$= 77,02 + 21,78 \cdot (-1) + 23,33 \cdot (+1) - 12,08 \cdot (-1)(+1) - 10,02 \cdot (+1)^2 - 3,68 \cdot (-1)^2 = 76,95\%$$

$$Y_{\text{рассч4}} = 77,02 + 21,78 \cdot X_1 + 23,33 \cdot X_2 - 12,08 \cdot X_1 X_2 - 10,02 \cdot X_1^2 - 3,68 \cdot X_2^2 =$$
$$= 77,02 + 21,78 \cdot (+1) + 23,33 \cdot (+1) - 12,08 \cdot (+1)(+1) - 10,02 \cdot (+1)^2 - 3,68 \cdot (+1)^2 = 96,35\%$$

$$Y_{\text{рассч5}} = 77,02 + 21,78 \cdot X_1 + 23.33 \cdot X_2 - 12.08 \cdot X_1 X_2 - 10,02 \cdot X_1^2 - 3.68 \cdot X_2^2 =$$
$$= 77,02 + 21,78 \cdot (+1) + 23,33 \cdot 0 - 12,08 \cdot (+1) \cdot 0 - 10,02 \cdot (+1)^2 - 3,68 \cdot 0^2 = 88,78\%$$

$$Y_{\text{рассч6}} = 77,02 + 21,78 \cdot X_1 + 23.33 \cdot X_2 - 12.08 \cdot X_1 X_2 - 10,02 \cdot X_1^2 - 3.68 \cdot X_2^2 =$$
$$= 77,02 + 21,78 \cdot (-1) + 23,33 \cdot 0 - 12,08 \cdot (-1) \cdot 0 - 10,02 \cdot (-1)^2 - 3,68 \cdot (0)^2 = 45,22\%$$

$$Y_{\text{рассч7}} = 77,02 + 21,78 \cdot X_1 + 23.33 \cdot X_2 - 12.08 \cdot X_1 X_2 - 10,02 \cdot X_1^2 - 3.68 \cdot X_2^2 =$$
$$= 77,02 + 21,78 \cdot 0 + 23,33 \cdot (+1) - 12,08 \cdot 0 \cdot (+1) - 10,02 \cdot 0^2 - 3,68 \cdot (+1)^2 = 96,67\%$$

$$Y_{\text{рассч8}} = 77,02 + 21,78 \cdot X_1 + 23.33 \cdot X_2 - 12.08 \cdot X_1 X_2 - 10,02 \cdot X_1^2 - 3.68 \cdot X_2^2 =$$
$$= 77,02 + 21,78 \cdot 0 + 23,33 \cdot (-1) - 12,08 \cdot 0 \cdot (-1) - 10,02 \cdot 0^2 - 3,68 \cdot (-1)^2 = 50,01\%$$

$$Y_{\text{рассч9}} = 77,02 + 21,78 \cdot X_1 + 23.33 \cdot X_2 - 12,08 \cdot X_1 X_2 - 10,02 \cdot X_1^2 - 3.68 \cdot X_2^2 =$$
$$= 77,02 + 21,78 \cdot 0 + 23,33 \cdot 0 - 12,08 \cdot 0 - 10,02 \cdot 0^2 - 3,68 \cdot 0^2 = 77,02\%$$

В таблице 2.5 представлены результаты расчета относительной погрешности опытов.

Как следует из представленных данных, относительная погрешность опытов не превышает 4,01 %.

Проведем анализ полученного уравнения регрессии (2.13)

$$Y - 77,02 + 21,78 \cdot X_1 + 23,33 \cdot X_2 - 12,08 \cdot X_1 X_2 - 10,02 \cdot X_1^2 - 3,68 \cdot X_2^2$$

Полученное уравнение регрессии представляет собой полином второй степени, причем все коэффициенты данного уравнения отличны от нуля. Поэтому можно утверждать о нелинейной зависимости всех изучаемых факторов на функцию отклика.

По знакам коэффициентов уравнения можно судить о влиянии исследуемых факторов (X_1 - время и X_2 – мощность излучения) на величину функции отклика (Y – выход дибутилселенита). Положительные коэффициенты при членах X_1 и X_2 свидетельствует о повышении выхода дибутилселенита при увеличении времени воздействия микроволнового излучения. Малая величина коэффициента при члене X_1X_2 (по сравнению с коэффициентами при членах X_1 и X_2) говорит о малом взаимном влиянии исследуемых факторов друг на друга. И наконец, коэффициенты, отличные от нуля, при членах X_1^2 и X_2^2 говорят, о нелинейной зависимости выхода дибутилселенита от указанных факторов.

Таблица 2.5

Относительные погрешности опытов

№	X_1	X_2	X_1X_2	Выход дибутилселенита, %		Относительная погрешность, %
				Эксперимент	Расчетное	
1	-1	-1	+1	7.00	6,73	4,01
2	+1	-1	-1	72.33	76,85	-5,88
3	-1	+1	-1	80.00	76,95	3,96
4	+1	+1	+1	97.00	96,35	0,67
5	+1	0	0	90.67	88,78	2,13
6	-1	0	0	42.33	45,22	-6,39
7	0	+1	0	94.00	96,67	-2,76
8	0	-1	0	51.67	50,01	3,32
9	0	0	0	76.00	77,02	-1,32

Для получения графических зависимостей, позволяющих наглядно анализировать влияние отдельных факторов на выход эфира, уравнение (2.13) необходимо превратить в ряд частных зависимостей. Для этого значения одного из факторов принимаются фиксированными. Таким образом, для каждого из факторов получаем по три частных зависимости (другой фактор принимает фиксированные значения -1, 0, +1). Частные зависимости получаем при подстановке в уравнение (2.13) фиксированных значений каждого из фактора.

Частные зависимости выхода дибутилселенита от времени микроволновой активации получаем при фиксированных значениях фактора X_2, равными -1, 0, +1. Получаем три частных уравнения регрессии вида:

$$Y = 77.02 + 21{,}78 \cdot X_1 + 23{,}33 \cdot X_2 - 12{,}08 \cdot X_1X_2 - 10{,}02 \cdot X_1^2 - 3.68 \cdot X_2^2 =$$

$= 77,02 + 21,78{\cdot}X_1 + 23,33{\cdot}(-1) - 12,08{\cdot}X_1{\cdot}(-1) - 10,02{\cdot}X_1^2 - 3,68{\cdot}(-1)^2 \quad =$
$= 50,01 + 33,86{\cdot}X_1 \; - 10,02{\cdot}X_1^2 \quad$ (при $X_2 = -1$) $\hfill (2.14)$

$Y = 77.02 + 21,78{\cdot}X_1 + 23,33{\cdot}X_2 - 12,08{\cdot}X_1 X_2 - 10,02{\cdot}X_1^2 - 3.68{\cdot}X_2^2 =$
$= 77,02 + 21,78{\cdot}X_1 + 23,33{\cdot}0 - 12,08{\cdot}X_1{\cdot}0 - 10,02{\cdot}X_1^2 - 3,68{\cdot}0^2 =$
$= 77,02 + 21,78{\cdot}X_1 \; - 10,02{\cdot}X_1^2 \quad$ (при $X_2 = 0$) $\hfill (2.15)$

$Y = 77.02 + 21,78{\cdot}X_1 + 23,33{\cdot}X_2 - 12,08{\cdot}X_1 X_2 - 10,02{\cdot}X_1^2 - 3.68{\cdot}X_2^2 =$
$= 77,02 + 21,78{\cdot}X_1 + 23,33{\cdot}(+1) - 12,08{\cdot}X_1{\cdot}(+1) - 10,02{\cdot}X_1^2 - 3,68{\cdot}(+1)^2 \quad =$
$= 96,67 + 9,7{\cdot}X_1 - 10,02{\cdot}X_1^2 \quad$ (при $X_2 = +1$) $\hfill (2.16)$

Для анализа графической зависимости выхода дибутилселенита от времени удобнее пользоваться реальными величинами. Поэтому, подставляя в уравнения (2.14-2.16) выражение (2.12), получаем уравнения не в кодированных, а в реальных величинах.

Тогда выражение (2.14) принимает вид:

$$Y = 50,01 + 33,86{\cdot}X_1 \; - 10,02{\cdot}X_1^2 =$$
$$= 50,01 + 33,86{\cdot}(0,5{\cdot}t - 2) - 10,02{\cdot}(0,5{\cdot}t - 2)^2 =$$
$$= -57,79 + 36,97{\cdot}t - 2,5{\cdot}t^2 \text{ (при } X_2 = -1, \text{ то есть при } P = 200 \text{ Вт)} \quad (2.17)$$

Выражение (2.15) принимает вид:

$$Y = 77,02 + 21,78{\cdot}X_1 \; - 10,02{\cdot}X_1^2 \; =$$
$$= 77,02 + 21,78{\cdot}(0,5{\cdot}t - 2) \; - 10,02{\cdot}(0,5{\cdot}t - 2)^2 =$$
$$= -6,62 + 30,93{\cdot}t - 2,5{\cdot}t^2 \quad \text{(при } X_2 = 0, \text{ то есть при } P = 400 \text{ Вт)} \quad (2.18)$$

Выражение (2.16) принимает вид

$$Y = 96,67 + 9,7{\cdot}X_1 - 10,02{\cdot}X_1^2 \quad =$$
$$= 96,67 + 9,7{\cdot}(0,5{\cdot}t - 2) - 10,02{\cdot}(0,5{\cdot}t - 2)^2 =$$
$$= 37,19 - 24,89{\cdot}t - 2,5{\cdot}t^2 \text{ (при } X_2 = +1, \text{ то есть при } P = 600 \text{ Вт)} \quad (2,19)$$

По уравнениям (2.17-2.19) были построены графические зависимости вида $Y = f(t)$, представленные на рисунке 2.4.

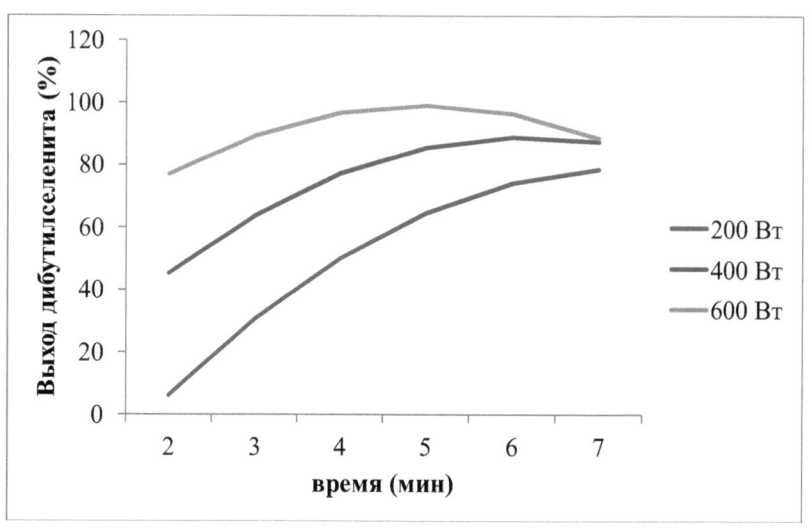

Рисунок - 2.4 Зависимость выхода дибутилселенита от времени облучения

Таблица 2.6
Данные к рисунку 2.4

Время в минутах	Расчет выхода по уравнению 2.17	Расчет выхода по уравнению 2.18	Расчет выхода по уравнению 2.19
2	6.15	45,24	76,95
3	30,62	63,67	89,32
4	50,09	77,10	96,67
5	64,56	85,53	99,02
6	74,03	88,96	96.35
7	78,50	87,39	88,67

Как видно из рисунка 2.4, процесс подчиняется кинетической зависимости: с увеличением времени реакции выход продукта увеличивается. Однако увеличение длительности облучения реакционной смеси свыше 6 минут приводит к снижению выхода, что объясняется перегревом реакционной смеси и протеканием реакций осмоления и разложения дибутилселенита.

На графических зависимостях, представленных на рисунке 2.4, наблюдаются максимумы, соответствующие максимальным выходам дибутилселенита при заданной мощности микроволнового излучения. Используя частные зависимости (2.17-2.19), определим время воздействия микроволнового излучения при заданной его мощности, при котором будет наблюдаться максимум выхода дибутилселенита. Для этого необходимо найти первую производную по времени и приравнять её к нулю (как известно, в точке экстремума производная равна нулю).

Первая производная от выражения (2.17) будет иметь вид:

$dY/dt = 36{,}97 - 2 \cdot 2{,}5 \cdot t = 0$
Откуда $t = 7{,}39$ мин (при $X_2 = -1$. то есть P = 200 Вт).

Для выражения (2.18) имеем:

$dY/dt = 30{,}93 - 2 \cdot 2{,}5 \cdot t$
Откуда $t = 6{,}19$ мин (при $X_2 = 0$, то есть P = 400 Вт).

Для выражения (2.19) имеем:

$dY/dt = 24{,}89 - 2 \cdot 2{,}5 \cdot t$
Откуда $t = 4{,}98$ мин (при $X_2 = +1$, то есть P = 600 Вт)

Частные зависимости выхода дибутилселенита от мощности микроволнового излучения получаем из основного уравнения регрессии (2.13) при фиксированных значениях фактора времени X_1, равными -1, 0, +1. При этом получаем три частных уравнения регрессии вида $Y = f(X_2)$.

$$Y = 77{,}02 + 21{,}78 \cdot X_1 + 23{,}33 \cdot X_2 - 12{,}08 \cdot X_1 X_2 - 10{,}02 \cdot X_1^2 - 3.68 \cdot X_2^2 =$$
$$= 77{,}02 + 21{,}78 \cdot (-1) + 23{,}33 \cdot X_2 - 12{,}08 \cdot (-1)X_2 - 10{,}02 \cdot (-1)^2 - 3{,}68 \cdot X_2^2 =$$
$$= 45{,}22 + 35{,}41 \cdot X_2 - 3{,}68 \cdot X_2^2 \quad (\text{при } X_1 = -1) \qquad (2.20)$$

$$Y = 77{,}02 + 21{,}78 \cdot X_1 + 23{,}33 \cdot X_2 - 12{,}08 \cdot X_1 X_2 - 10{,}02 \cdot X_1^2 - 3.68 \cdot X_2^2 =$$
$$= 77{,}02 + 21{,}78 \cdot 0 + 23{,}33 \cdot X_2 - 12{,}08 \cdot 0 \cdot X_2 - 10{,}02 \cdot 0^2 - 3{,}68 \cdot X_2^2 =$$
$$= 77{,}02 + 23{,}33 \cdot X_2 - 3{,}68 \cdot X_2^2 \quad (\text{при } X_1 = 0) \qquad (2.21)$$

$$Y = 77.02 + 21{,}78 \cdot X_1 + 23{,}33 \cdot X_2 - 12{,}08 \cdot X_1 X_2 - 10{,}02 \cdot X_1^2 - 3.68 \cdot X_2^2 =$$
$$= 77{,}02 + 21{,}78 \cdot (+1) + 23{,}33 \cdot X_2 - 12{,}08 \cdot (+1)X_2 - 10{,}02 \cdot (+1)^2 - 3{,}68 \cdot X_2^2 =$$
$$= 88{,}78 + 11{,}25 \cdot X_2 - 3{,}68 \cdot X_2^2 \quad (\text{при } X_1 = +1) \qquad (2.22)$$

Используя выражение (2.13) перейдем от уравнений (2.20-2.22) в кодированном виде к уравнениям в реальных величинах, то есть получим зависимости вида $Y = f(P)$.

Тогда выражение (2.20) приобретает вид

$$Y = 45{,}22 + 35{,}41 \cdot X_2 - 3{,}68 \cdot X_2^2 =$$
$$= 45{,}22 + 35{,}41 \cdot (0{,}005 \cdot P - 2) - 3{,}68 \cdot (0{,}005 \cdot P - 2)^2 =$$
$$= -40{,}32 + 0{,}25065 \cdot P - 0{,}000092 \cdot P^2 (\text{при } X_1 = -1, \text{ то есть при } t = 2 \text{ мин}) \quad (2.23)$$

Выражение (2.21) приобретает вид

$Y = 77{,}02 + 23{,}33{\cdot}X_2 - 3{,}68{\cdot}X_2^2 =$
$= 77{,}02 + 23{,}33{\cdot}(0{,}005{\cdot}P - 2) - 3{,}68{\cdot}(0{,}005{\cdot}P - 2)^2 =$
$= 15{,}64 + 0{,}19025{\cdot}P - 0{,}000092{\cdot}P^2$ (при $X_1 = 0$, то есть t =4 мин)   (2.24)

Выражение (2.22) приобретает вид

$Y = 88{,}78 + 11{,}25{\cdot}X_2 - 3{,}68{\cdot}X_2^2 =$
$= 88{,}78 + 11{,}25{\cdot}(0{,}005{\cdot}P - 2) - 3{,}68{\cdot}(0{,}005{\cdot}P - 2)^2 =$
$= 51{,}56 + 0{,}12985{\cdot}P - 0{,}000092{\cdot}P^2$ (при $X_1 = +1$, то есть t = 6 мин) (2.25)

По уравнениям (2.23-2.25) были построены графические зависимости вида $Y = f(P)$, представленные на рисунке 2.5

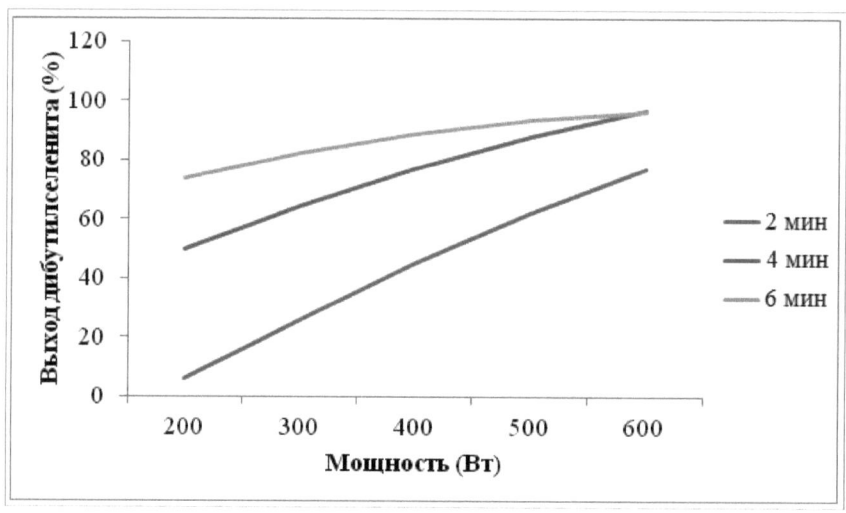

Рисунок 2.5 - Зависимость выхода дибутилселенита от мощности облучения

Таблица 2.7
    Данные к рисунку 2.5

Мощность (Вт)	Расчёт мощности по уравнению (2.23)	Расчёт мощности по уравнению (2.24)	Расчёт мощности по уравнению (2.25)
200	6.13	50.01	73.85
300	26.60	64.44	82.24
400	45.22	77.02	88.78
500	62.01	87.77	93.49
600	76.95	96.67	96.35

Как видно из рисунка 2.5, реакция имеет кинетическую зависимость: с увеличением мощности облучения выход продукта реакции увеличивается, предел мощности не был достигнут для этой реакции, но в это нет необходимости, так как выход составляет 96,67 %.

Как и в случае зависимостей $Y = f(t)$, на графических зависимостях, представленных на рисунке 2.5, также наблюдаются максимумы, соответствующие максимальным выходам дибутилселенита при заданном времени воздействия микроволнового излучения. Используя частные зависимости (2.23-2.25), определим мощность микроволнового излучения при заданном времени его воздействия, при котором будет наблюдаться максимум выхода дибутилселенита. Для этого найдем первую производную по времени и приравнять её к нулю.

Определив первую производную выражения 2.23, получаем:

$dY/dP = + 0,25065 - 2 \cdot 0,000092 \cdot P$, откуда $P = 1362,23$ Вт (при $t = 2$ мин)

Для выражения (2.24) имеем:

$dY/dP = 0,19025 - 2 \cdot 0,000092 \cdot P$, откуда $P = 1033,97$ Вт (при $t = 4$ мин)

Для выражение (2.25) получаем

$dY/dP = 0,12985 - 2 \cdot 0,000092 \cdot P$, откуда $P = 705,71$ (при $t = 6$ мин)

И, наконец, определение оптимальных условий процесса по времени воздействия и по мощности микроволнового излучения, при которых наблюдается максимальный выход дибутилселенита, определяется также при анализе уравнения регрессии. Так как графический анализ частных зависимостей показывает наличие максимумов, соответствующих максимальному значению выхода дибутилселенита, то их значения можно определить, получив частные производные от основного уравнения регрессии. При этом, учитывая, что производные в точке максимума равны нулю, получаем

$$Y = 77,02 + 21,78 \cdot X_1 + 23,33 \cdot X_2 - 12,08 \cdot X_1 X_2 - 10,02 \cdot X_1^2 - 3.68 \cdot X_2^2$$

$$dY/dX_1 = 21,78 - 12,08 \cdot X_2 - 20,04 \cdot X_1 = 0 \qquad (2.26)$$
$$dY/dX_2 = 23,33 - 12,08 \cdot X_1 - 7,36 \cdot X_2 = 0 \qquad (2.27)$$

Решая систему уравнений, составленных выражениями (2.26-2.27), получаем, что оптимальные значения процесса наблюдаются при $X_1 = 1,32$ и $X_2 = - 0,39$. используя выражения (2.11-2.12) получаем в реальных значениях оптимальную мощность микроволнового излучения $P = 322$ Вт и время его воздействия $t = 6,64$ мин. При этом выход дибутилселенита равен

$$Y = 77{,}02 + 21{,}78 \cdot X_1 + 23{,}33 \cdot X_2 - 12{,}08 \cdot X_1 X_2 - 10{,}02 \cdot X_1^2 - 3.68 \cdot X_2^2 =$$
$$= 77{,}02 + 21{,}78 \cdot 1{,}32 + 23{,}33 \cdot (-0{,}39) - 12{,}08 \cdot 1{,}32 \cdot (-0{,}39) - 10{,}02 \cdot (1{,}32)^2 - 3{,}68 \cdot$$
$$\cdot (-0{,}39)^2 = 84{,}87\%$$

К сожалению, имеющиеся в наличии микроволновые печи имеют дискретные значения мощности облучения и не позволяют выбрать значение 322 Вт. В тоже время, в ходе экспериментов, нами был достигнут наибольший выход при мощности облучения 360 Вт и времени облучения 6 минут, что практически идеально коррелирует с результатами полученными методом математического планирования.

2.3 Анализ соответствия разработанного лабораторного регламента принципам концепции «Зеленая химия»

«Зеленой» химией называют научное направление и общественное движение, которое сформировалось в 90-х гг. XX в. и довольно быстро обрело сторонников. Адепты зеленой химии воспринимают ее как некое искусство, позволяющее получать необходимое вещество наиболее безопасным способом. Во многих лабораториях мира сегодня разрабатываются все новые и новые схемы реакций и процессов, призванные кардинально сократить нагрузку химических производств на окружающую среду, свести к минимуму уничтожение и переработку вредных побочных продуктов. Применяемые в зеленой химии процессы не только экологичнее, но и выгоднее: сокращение стадий реакций (в частности, переход с двух на одностадийные) приводит к значительной экономии энергии. Проблемы, находящиеся в компетенции зеленой химии, делят на два основных направления. Первое связано с переработкой, утилизацией и уничтожением экологически опасных побочных и отработанных продуктов химической промышленности. Второе, более перспективное, связано с разработкой новых промышленных процессов, которые позволяли бы обойтись без вредных для окружающей среды продуктов (в том числе побочных) или свести их использование и выделение к минимуму [73].

В процессе создания лабораторного регламента, мы старались максимально близко соответствовать принципам зеленой химии. Лабораторный регламент соответствует сразу нескольким принципам «Зеленой химии». Таким как:

Принцип 2. Стратегия синтеза должна быть выбрана таким образом, чтобы все материалы, использовавшиеся в процессе синтеза, в максимальной степени вошли в состав продукта

Принцип 6. Энергетические расходы должны быть пересмотрены с точки зрения их экономии и воздействия на окружающую среду и минимизированы. По возможности химические процессы должны проводиться при низких температурах и давлениях.

Принцип 10. Производимые химические продукты должны выбираться таким образом, чтобы по окончании их функционального использования они не накапливались в окружающей среде, а разрушались до безвредных продуктов.

Принцип 11. Вещества и их агрегатное состояние в химических процессах, должны выбираться таким образом, чтобы минимизировать вероятность непредвиденных несчастных случаев, включая утечки, взрывы и пожары.

Принцип 12. Нужны аналитические методы контроля в реальном режиме времени с целью предотвращения образования вредных веществ.

Дибутилселенит получают взаимодействием селенистой кислоты и избытка бутанола-1, в присутствие бензола. Эфиры селенистой кислоты получают для получения чистого селена с чистотой 99,999%. После окончания реакции восстановления отделяют чистый селен, оставшуюся смесь благодаря разнице в температуре кипения разделяют методом перегонки. Получаем бутанол-1, бензол, растворитель использованный в реакции восстановления. Экономия энергии, происходит благодаря использованию микроволнового облучения, которое сокращает время реакции с 4-6 часов до 6-8 минут. Для контроля прохождения реакции была применена тонкослойная хроматография и качественные реакции.

2.4 Регенерация диоксида селена из элементного селена в условиях микроволновой активации

Диоксид селена используется в селективном окислении ряда органических соединений до практически полезных продуктов. Нами он был использован для синтеза дикетонов, которые используются как строительные блоки в тонком органическом синтезе, в частности синтезе производных пиразина и хиноксалина, диаминов, гликолей и многих других продуктов . При этом в ходе окисления практически со 100%-ным выходом образуется металлический селен, который можно регенерировать в соответствующий диоксид.

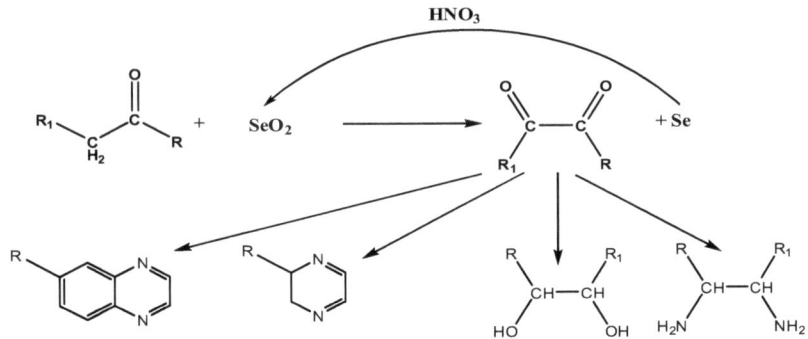

Рисунок 2.6 – Применение и регенерация диоксида селена

57

Практическую ценность этой реакции трудно переоценить, так как она позволяет многократно использовать дорогостоящий диоксид селена, обладающий незаменимой селективностью в реакциях окисления. Необходимо заметить, что регулярно регенерируя диоксид селена, все экспериментальные исследования были проведены всего лишь с 50 г. диоксида селена, который так и остался, не израсходован.

Получение диоксида селена по классической технологии сопровождается протеканием следующих последовательных реакций:

$$Se + 4HNO_3 \longrightarrow H_2SeO_3 + 4NO_2 + H_2O \tag{2.28}$$

$$H_2SeO_3 \longrightarrow H_2O + SeO_2 \tag{2.29}$$

Установлено, что реакция (2.28) протекает с малой скоростью и в классических условиях составляет не менее 3 часов. Реакция (2.29) протекает быстро и, практически, до конца. То есть реакция (2.28) является лимитирующей стадией всего процесса. Поэтому целью эксперимента было исследование процесса растворения селена в азотной кислоте в условиях микроволной активации. Эксперименты показали, что растворение селена в течение 7 мин наблюдается при мощности микроволнового излучателя 360 Вт.

Дальнейшее стадией выделения диоксида селена является выпаривание полученного раствора с последующей возгонкой выделенного продукта и взвешиванием диоксида селена. Выход диоксида селена составил около 80%.

3 Экспериментальная часть

3.1 Использованные приборы и реактивы

Эксперименты проводились в бытовой модифицированной микроволновой печи LG – 2020G, позволяющей установить обратный холодильник

Ход реакций и индивидуальность соединений контролировали с помощью тонкослойной хроматографии на стандартных пластинках «Silufol UV-254», пятна проявляли парами йода.

В целях исключения влияния посторонних примесей на результат измерения все применявшиеся реактивы подвергались очистке. Для приготовления рабочих растворов были использованы реактивы «хч» и дистиллированная вода.

В качестве исходных продуктов в данной работе были использованы следующие соединения марки «хч»: диоксид селена, селенистая кислота, азотная кислота, пропанол–1, бутанол–1, пентанол–1, бензол, сульфат гидразина, селен.

3.2 Получение диоксида селена

Общая методика получения диоксида селена в классических условиях

Собираем установку, состоящую из электрической плитки, водяной бани, трехгорлой колбы, термометра и обратного холодильника. В трехгорлую колбу емкостью 250 мл помещаем 60 мл 60% азотной кислоты. Нагреваем азотную кислоту до 65°C, медленно вносим 23 г селена маленькими порциями до полного растворения селена и образования прозрачного раствора. Полученный раствор досуха упариваем до начала возгонки. После этого остаток растворяют в воде. Образующуюся в небольшом количестве H_2SeO_4 удаляют, обрабатывая полученный раствор по каплям раствором $Ba(OH)_2$ до прекращения выделения осадка.

После фильтрования раствор при помешивании снова упаривают досуха. Выделившийся сырой продукт растирают в порошок и очищают путем многократных возгонок. В случае предъявления больших требований к чистоте препарата эти возгонки проводят в атмосфере чистого кислорода. Во многих случаях вполне достаточно двухкратной или трехкратной возгонки из фарфоровой чашки в перевернутую воронку, в отверстие которой вставлен тампон из стеклянной ваты.

Получение диоксида селена сопровождается протеканием следующих последовательных реакций:

$$Se + 4HNO_3 \longrightarrow H_2SeO_3 + 4NO_2 + H_2O \qquad (5.1)$$

$$H_2SeO_3 \longrightarrow H_2O + SeO_2 \qquad (5.2)$$

Получение диоксида селена в условиях микроволнового облучения

Чистый селен массой 2 г и концентрированную (60%) азотную кислоту объемом 20-25 мл помещают в круглодонную колбу и закрепляют ее в микроволновой печи позволяющей использовать обратный холодильник. После этого раствор подвергли непрерывному микроволновому излучению в течении 7 минут при мощности 360 Вт. За это время селен растворяется.

Полученный раствор досуха упариваем до начала возгонки. После этого остаток растворяют в воде. Образующуюся в небольшом количестве H_2SeO_4 удаляют, обрабатывая полученный раствор по каплям раствором $Ba(OH)_2$ до прекращения выделения осадка.

После фильтрования раствор при помешивании снова упаривают досуха. Выделившийся сырой продукт растирают в порошок и очищают путем многократных возгонок. В случае предъявления больших требований к чистоте препарата эти возгонки проводят в атмосфере чистого кислорода. Во многих случаях вполне достаточно двухкратной или трехкратной возгонки из фарфоровой чашки в перевернутую воронку, в отверстие которой вставлен тампон из стеклянной ваты.

3.3 Получение эфиров селенистой кислоты

Получение дипропилселенита под действием конвекционного нагрева

В круглодонную колбу на 250 мл снабженную ловушкой Дина-Старка и обратным холодильником помещаем 5 г селенистой кислоты, 20 мл абсолютного пропилового спирта и 40 мл бензола. Подвергаем конвекционному нагреву. Окончание реакции определяем по воде, выделившейся путем азеотропной отгонки в ловушку Дина-Старка. После отгоняем бензол, и остатки спирта из образовавшейся смеси при пониженном давлении. Выход продукта 79%.

Получение дипропилселенита под действием микроволнового излучения

В круглодонную колбу на 250 мл помещаем 2 г селенистой кислоты 10 мл абсолютного пропилового спирта и 20 мл бензола. Смесь помещаем в модифицированную микроволновую печь, позволяющую использовать ловушку Дина-Старка и обратный холодильник на 5 минут при мощности 360 Вт. Окончание реакции определяем по воде, выделившейся путем азеотропной отгонки в ловушку Дина-Старка. После отгоняем бензол, и остатки спирта из образовавшейся смеси при пониженном давлении. Выход продукта 85%.

Получение дибутилселенита под действием конвекционного нагрева

В круглодонную колбу емкостью 100 мл снабженную ловушкой Дина-Старка и обратным холодильником помещаем 2 г селенистой кислоты, 10 мл абсолютного бутилового спирта и 20 мл бензола и подвергаем конвекционному нагреву. Окончание реакции определяем по воде, выделившейся путем азеотропной отгонки в ловушку Дина-Старка. После отгоняем бензол, и остатки спирта из образовавшейся смеси при пониженном давлении. Выход продукта 87%.

Получение дибутилселенита под действием микроволнового излучения

В круглодонную колбу емкостью 250 мл помещаем 2 г селенистой кислоты 10 мл абсолютного бутилового спирта и 20 мл бензола. Смесь помещаем в модифицированную микроволновую печь, позволяющую использовать ловушку Дина-Старка и обратный холодильник, на 6 минут при мощности 360 Вт. Окончание реакции определяем по воде, выделившейся путем азеотропной отгонки в ловушку Дина-Старка. После отгоняем бензол, и остатки спирта из образовавшейся смеси при пониженном давлении. Выход продукта 96%.

Получение дипропилселенита под действием конвекционного нагрева

В круглодонную колбу емкостью 100 мл снабженную ловушкой Дина-Старка и обратным холодильником помещаем 2 г селенистой кислоты, 10 мл абсолютного пентанола и 20 мл бензола. Подвергаем конвекционному нагреву. Окончание реакции определяем по воде, выделившейся путем азеотропной отгонки в ловушку Дина-Старка. После отгоняем бензол, и остатки спирта из образовавшейся смеси при пониженном давлении.

Получение дипентилселенита под действием микроволнового излучения

В круглодонную колбу емкостью 250 мл помещаем 2 г селенистой кислоты 10 мл абсолютного пентанола и 20 мл бензола. Смесь помещаем в модифицированную микроволновую печь, позволяющую использовать ловушку Дина-Старка и обратный холодильник, на 8 минут при мощности 360 Вт. Окончание реакции определяем по воде, выделившейся путем азеотропной отгонки в ловушку Дина-Старка. После отгоняем бензол, и остатки спирта из образовавшейся смеси при пониженном давлении.

3.4 Выделение эфиров селенистой кислоты

Общая методика выделение эфиров проводили с помощью тонкослойной хроматографии

Анализируемый раствор содержащий эфир наносим с помощью капилляра на стартовую линию пластинки ("силуфол"). Проводим стартовую и финишную линию карандашом на расстоянии 0,5 см от нижнего и верхнего края. Стартовая линия не должна погружаться в проявляющий растворитель (элюент).

После нанесения капли пластинку погружаем в стакан с проявляющим растворителем, расположив пластинку вертикально. Проявляющим растворителем служит смесь бензол:этанол (4:1). В стакан предварительно наливают столько растворителя, чтобы стартовая линия оказалась над его поверхностью. Когда фронт растворителя поднимется до финишной линии, пластинку вынимаем. Так как эфир разлагается при нагревании, это мы использовали для проявления, помещая пластинку над плиткой до появления следов разложения эфира. Определяем R_f и границы пятна.

Выделение эфира проводим аналогичной методикой за исключением того что пластинку делаем размером шириной в 5 см, на стартовую линию наносим большое количество капель эфира подряд, после вынимания из проявляющего растворителя пластинку не сушим, а обрезаем по определенным границам пятна. Помещаем обрезанную пластинку в бензол, так чтобы пластинка была погружена в бензол, нагреваем вместе с обратным холодильником в течении часа. Отгоняем излишки бензола, не рекомендуется отгонять весь бензол, потому что бензол предохраняет эфир от разложения.

3.5 Реакции восстановления и разложения эфиров селенистой кислоты

Термическое разложение эфира селенистой кислоты

Фарфоровую чашку вместе с необходимым количеством эфира нужным для разложения ставим на электрическую плитку. Выход продукта составляет около 65 - 74% чистотой 96-98%.

Получение селена реакцией восстановления с помощью гидразина

В колбу емкостью 250 мл помещаем 20 мл глицерина, 10 мл эфира и 1,5 г сульфата гидразина, помещаем в модифицированную микроволновую печь позволяющую использовать обратный холодильник и кипятим смесь в течении 10 минут. В центре колбы образуется металлический селен. Выход селена 80%.

Заключение

В ходе выполнения исследования, были разработаны эффективные, экономические рентабельные, экологически дружественные методы регенерации диоксида селена из грязного селена, синтез эфиров селенистой кислоты на примере различных спиртов и их последующее разложение до металлического селена в условиях микроволновой активации. С применением ортогонального центрального композиционного планирования эксперимента, были найдены оптимальные условия синтеза бутилового эфира селенистой кислоты. Осуществлено химическое и термическое разложение бутилового эфира селенистой кислоты с получением высокочистого селена. Все эксперименты проводились многократно, что подтверждает их достоверность.

В процессе исследования, время синтеза бутилового эфира селенистой кислоты удалось сократить с 4-6 часов до 6-8 минут, тем самым сократить время реакции в 40 раз. Разработана методика регенерации диоксида селена из грязного селена в условиях микроволновой активации. При этом время реакции уменьшено с: 3 часов до 7 минут, т.е. в 26 раз с выходом желаемого продукта д 80%. Разработанные методики не имеет аналогов в мире, отличается высокой эффективностью и полностью соответствуют принципам концепции «Зеленая химия».

В условиях микроволновой активации разработан химический и термический способ получения высокочистого селена.

Подлинность синтезированных веществ была подтверждена ЯМР-^{1}Н и ЯМР-^{13}С спектроскопией, рентгено-флуорисцентным анализом и результатами электронной микроскопии.

Дипломная работа, выполнена в рамках гранта МОН РК «Разработка новых экологически дружественных, экономически рентабельных методов синтеза промышленно востребованных органических соединений в условиях микроволнового облучения», 2013-2014 гг., научный руководитель – д.х.н. Хрусталев Д.П.

Список использованных источников

1. Кустов Л.М., Белецкая И.П. Green Chrmistry – новое мышление //Рос. Хим. Ж. – 2004.- Т.XLVIII, №6. - С. 3-12.

2. Anastas P., Warner J. Green Chemistry: Theory and Practice. London: Oxford University Press, 1998, 144 p.

3. Trrost *B.M.* Science, 1991, v. 254, p. 1471.

4. W.Sheldon *R.A.* Chem. Ind., 1992, p. 903; Sheldon R.A. Chem. Ind., 1997, p.

5. J.J.Bozell, G.R.Petersen. Green Chem., 12, 539 (2010)

6. I.I.Moiseev Russ. Chem.Rev. Успехи химии 82 (7) 616-623 (2013)

7. И.П.Белецкая, Л.М.Кустов Катализ — важнейший инструмент «зеленой» химии Успехи химии 79 (6) 2010

8. M. E. Weeks, Discovery of the Elements, 6th edn. Journal of Chemical education, Easton, Pa., 1956 pp. 303-337

9. R. A. Zingaro, W.C. Cooper. Selenium Van Nostrand, Reinhold, New York, 1974, 835 pp.

10. W.C. Cooper, Tellurium, Van Nostrand, Reinhold, New York, 1971, pp. 431 pp.

11. O. Foss, V. Janickis, J. Chem. Soc., Chem Commn., 1977 pp. 834-835

12. К. В. Астахов, Н. А. Пенин, Э. И. Добкина, журн общ химии, т. XVII, №2, 1947, с.378

13. Sheldon R.A. Chem. Ind., p. 903; Sheldon R.A. Chem. Ind., p. 12.

14. Кудрявцев А.А. Химия и технология селена и теллура. - М.: Металлургия, 1968, с.233-236.

15. Степанова Н.Д. и др., Окисление ZnSe на воздухе, Неорганические материалы, 1975, Т.11, №6, с.1030.

16. Неорганические синтезы. Сб 1.под ред. Д.И.Рябчикова. М.,ИЛ, 1951, Р 1 с 115-118

17. Чижиков Д. М. Селен и селениды. – М.: Москва, 1964, с. 83-95

18. J.P. Riley and Skirrow G. Chemical Oceanography V. I, 1965

19. The interactions between selenium and iodine deficiencies in man and animals. Arthur JR, Beckett GJ, Mitchell JH. — Nutrition Research Reviews. 1999 Jun;12(1):55-73

20. CIS 81-1954. «Toxicology of selenium: A review» / C.G. Wilber // Clinical Toxicology. — New York, 1980 — 17/2 — p. 171—230.

21. Прилуцкий, А. С. Селенит натрия в терапии аутоиммунных заболеваний щитовидной железы / А. С. Прилуцкий. — «Здоровье Украины» № 11, 2012. С.37.

22.Струев, И. В., Симахов Р. В., 2006. Селен и его влияние на организм использование в медицине // Сб. научн. трудов «Еестествознание и гуманизм», 3(2): 127—136.

23. Потапова В.М., Пономарева С.В. //ОрганикумII; окисление активированных метиленовых групп в карбонильных соединениях, Издательство «Мир», М. -1979г., стр. - 16.

24.   K. B. Sharpless and R. F. Lauer, J. Amer. Chem. Soc., 1972, 94, 7154; D. Arigoni, A. Vasella, K. B. Sharpless, and H. P. Jensen, ibid., 1973, 95, 7917. Многие соединения были окислены с использованием SeO_2 см.: L. F. Fieser and M. Fieser, "Reagent for Organic Synthesis", Witey, New York, 1967, vol. 1, p. 992; 1969, vol. 2, p. 360; 1971, vol. 3, p.245; 1974, vol. 4, p.422; 1975, vol. 5, p. 575.

25.   Хильгетаг В. Методы эксперимента в органической химии. – М.: Химия, 1969. - С.534.

26.   (317-319) Хрусталев Д.П., Сулейменова А.А., Фазылов С.Д., Газалиев А.М. Окисление кетонов диоксидом селена в условиях микроволнового облучения //Химический журнал Казахстана. -2007. -№ 16. -С. 139-141.

27.   Газалиев А.М., Фазылов С.Д., Хрусталев Д.П., Сулейменова А.А., Хамзина Г.Т., Мулдахметов З.М. Микроволновая активация в реакциях окисления //Тезисы докл. Международной научно-практической конференции «Инновационная роль науки в подготовке современных технических кадров». - Караганда, 2008. - 498-501 с.

28.   Хрусталев Д.П., Сулейменова А.А., Хамзина Г.Т., Фазылов С.Д., Газалиев А.М., Мулдахметов З.М. Примеры применения микроволнового облучения в реакциях окисления //Тезисы докл. II междунар. конф. «Инновационное развитие и востребованность науки в современном Казахстане». - Алматы, 2008. - 103-106 с.

29.   Пат. 20090131693 А1 USA. Process for selective oxidation of olefins to epoxides / Busch D.H., Subramanian B.; опубл. 21.05.09. 5с.

30.   Salehi H., Guo Q. Synthesis of Substituted 1,4-Dihydropyridines in Water Using Phase-Transfer Catalyst Under Microwave Irradiation. -2011, Vol.34., p. 4349-4357

31.   CIS 77-155. Selenium. // DC, National Academy of Sciens. — Washington, 1976—203 p.

32. Feigl F. Analyt. chim. asta, 24, 501, 1961

33. Танаев Н.А., Мурашова В.И., Зав лаб., 17, 1951, р. 405

34. Feigl F., demant V. Mikrochim acta, 1, 1937, р. 322

35. Feigl F., West P.W. Analyt. Chem., 19, 1947, р. 351,

36. Horwath I.T., Rabai J. Science, 1994, v. 266, p. 72.

37. Horwath I.T. Acc. Chem. Res., 1998, v. 31, p. 641.

38. Poonia N.S. Microchim acta, 1969, p.217

39. Feigl F. Analyt. chim. asta, 24, 1961, p.501

40. Dowson W.M. Mikrochim acta, 1969, p.202

41. Levine V.E., 31, 1937, p. 8617

42. Nuechter M., Ondruschka B., Bonrath W., Gum A. Green chem., 2004, v. 6, p. 128.

43. Draths K. M., Frost J.W. In:7, p. 150.

44. Berry F.J., Smart L.E., Prasad P.S. e. a. Appl. Catal. A: General, 2000, v. 204, p. 215.

45. Thomas J.R. J. Catal. Lett., 1997, v. 49, p. 137.

46. Yang Z.M., Zhang J.S., Cao X.M. e. a. Appl. Catal., 2001, v. B34, p. 129.

47. Barcza L,. Schulek E. Microchim. Acta, 1960, p.261

48. Wawrzyezek W., analyt. Chem., 1962, p.194

49. Strauss C.R., Trainor R.W. Developmentsin Microwave –Assisted Organic Chemistry//AustralianJournalofChemistry.-1995. – Vol. 48, № 10. –P. 1665-1692.

50. Feigl F. Analyt. chim. asta, 26, 1961, p.425

51. Lenher V., Am Chem. Soc., 47, 1925, p.769

52. Яницкий И. В. жур. неорган. химии, 3, 1958, с.1755

53. Аршикевич А. М., Усатенко Ю.И. Жур. Аналит. Химии 24, 1969, с.1069

54. Волошина В.В. Жур. Аналит. Химии 22, 1968, с. 558

55. Dowson W.M. Mikrochim acta, 1970, p.152

56. Bode H.Z. anal. Chem., 155, 1957, p. 96

57. Haskett R. anal. Chem., 147, 1956, p. 112

58. Reed J.F. Analyt. Chem., 32, 1960, p. 662

59. Nielsch W.Z. Analyt. Chem., 155, 1957, p.401

60. Mittal R.K. Analyt. Chem., 196, 1963, p.169

61. Mehrotra R.C. Analyt. Chem., 196, 1963, p. 215

62. Арстамян Ж. М., Тараян В.М. хим журнал,19, 1966, с.590

63. Bode H.Z. anal. Chem., 160, 1958, p. 154

64. Назаренко И. И., Ермаков А. Н. Аналитическая химия селена и теллура,Изд. «Наука», 1971. – 56 с.

65. Wan J.K.S., Wof K.< Heyding R. D. Stud. Syrf. Sci. Catal., 1984, v. 19, p. 561.

66. Wali A., Pillai S. M., Satish S. Ibid., 1997, v. 60, p. 189.

67. Liu Y., Lu Y., Liu P., Gao R. X., Lin Y.Q. Appl. Catal. A, 1998, v. 170, p. 207.

68. Charg Y. E., Sarjurjo A., Catal. Lett., 1999, v. 57, p. 187.

69. Andraos J., Izhakova J. Perspectives on the application of green chemistry principles to total synthesis design. // Chemistry today, 2006. - Vol.24, №6. - p. 31-36.

70. Kao R. anal. Chem., 47, 1932, p. 769

71. Пат. 4548800 USA. Process for selenium purification/ Santokh S. Badesha, Thomas W. Smith.; опубл. 22.10.85 - 2с.

72. Саутин С.Н. Планирование эксперимента в химии и химической технологии/ С.Н. Саутин.- «Химия», 1975.- 48 с.

73. Беликородов А. В., Тырков А.Г. Зеленая химия. Методы, реагенты и инновационные технологии, Изд. «Астраханский университет», 2010, 16 с.